松本穂高
Matsumoto Hotaka

歩いてわかった地球のなぜ!?

山川出版社

歩いてわかった
地球のなぜ!?

目 次

氷河が堰き止めた湖(ネパール・クーンブ山群チョラ湖, 1996年)

CONTENTS

アジア

1	山の中になぜ堤防がある!?	万里の長城の地理的な見方	12
2	渡り鳥はなぜ集まる!?	朝鮮半島38度線の歴史	16
3	4万もの島はなぜ密集する!?	マレー諸島の地体構造	20
4	熱帯雨林になぜ雲がわく!?	カリマンタン島の持続可能な社会	24
5	棚田はなぜつくられた!?	フィリピンの自然と農業	28
6	高原のコーヒーはなぜ味わい深い!?	ニューギニア島の農業	32
7	ライオンはなぜ水を吐く!?	シンガポールの水環境	36
8	ヒマラヤ山中になぜ水の都が!?	インド・カシミールの地形	40
9	エヴェレスト登山はなぜ春がいい!?	ヒマラヤの気候と地形	44
10	石油はなぜ砂漠に眠る!?	アラブ首長国連邦の石油資源	48
11	巨大土石流はなぜおこる!?	カムチャツカの自然	52

ヨーロッパ・アフリカ

12	イギリスの鉄道は本当に速い!?	イギリスの自然と産業	58

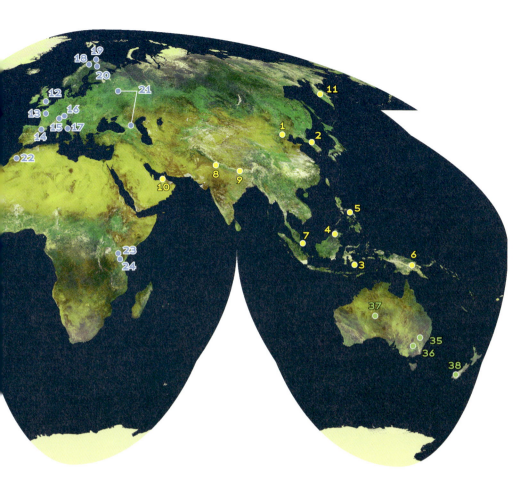

13	パリの都心はなぜ明るい!?	パリの地形と都市景観	62
14	ピレネーの山中になぜ人が集まる!?	アンドラ公国の産業	66
15	マッターホルンはなぜ天を突く!?	スイスアルプスの氷河地形	70
16	カウベルはなぜ雨をよぶ!?	スイスアルプスの移牧と気象	74
17	遺体はなぜ2000年も残った!?	イタリア・ポンペイの火山災害	78
18	鉄道はなぜ山脈をこえる!?	スカンディナヴィアの地下資源	82
19	ツンドラになぜ蚊が多い!?	北極圏の景観	86
20	湖は平原になぜひしめく!?	フィンランドの湖沼景観	90
	プラスα　日本はなぜ災害列島!?		93
21	ヒマワリはなぜ栽培される!?	ロシア・カフカスの自然	94
22	オアシス料理はなぜうまい!?	モロッコの食と自然	98
23	ヌーの大群はなぜ移動する!?	ケニア・サバナの植生	102
24	アフリカになぜ巨大な氷壁が!?	キリマンジャロ山にある氷河のなぞ	106

アメリカ大陸・オセアニア

25	ロッキーはなぜ「岩の山脈」!?	ロッキー山脈の植生と土壌	112
26	船はなぜ滝を登る!?	アメリカ五大湖の地形と水運	116
27	ニューヨークはなぜ大都会!?	アメリカ東海岸の地形と歴史	120
28	岩はどこへ消える!?	モニュメントヴァレーの侵食地形	124
29	コロラド川はなぜ「赤い川」!?	グランドキャニオンの地質	128
30	海面より低い土地がなぜある!?	アメリカ・デスヴァレーの景観	132
31	赤道の国になぜ雪が降る!?	エクアドルの山岳地形	136
32	アンデスの民はなぜ山の上に暮らす!?	アンデス山脈の自然と生活	140
33	海岸になぜアルパカがいる!?	パタゴニアの自然	144
34	沸騰する海がある!?	ハワイの火山地形	148
35	火に耐える木がなぜある!?	オーストラリアの植生	152
36	乾燥の大陸でなぜ水力発電ができる!?	オーストラリアの自然開発	156
37	風の谷になぜアボリジニは住む!?	ウルル(エアーズロック)の地形	160
38	ペンギンはなぜ南半球だけにいる!?	ニュージーランドの動物地理	164

日本

39	流氷はなぜ押し寄せる!?	知床の生態系	170
40	「幻の湖」はなぜ出現する!?	日高山脈の氷河地形	174
41	標高1000mになぜ高山植物がある!?	佐渡島の自然	178
42	日本に寒帯がある!?	富士山の気候	182
43	扇央になぜ水田がある!?	黒部川扇状地の水田開発	186
44	氷河はなぜ剱・立山にある!?	黒部源流の自然と開発	190
45	岩の山になぜ「窓」がある!?	剱岳の雪と地形	194
46	ライチョウはなぜ冬山に棲む!?	乗鞍岳の高山環境	198
47	合掌造りはなぜつくられた!?	白川郷・五箇山の自然と生活	202
48	伏見の酒はなぜうまい!?	京都盆地の暮らしと水	206
49	山の上でなぜレンガがつくられる!?	人形峠のウラン採掘	210
50	温帯の森になぜ落葉樹がみられない!?	屋久島の植生	214
51	サンゴvsマングローブ どちらが強い!?	八重山の海岸	218

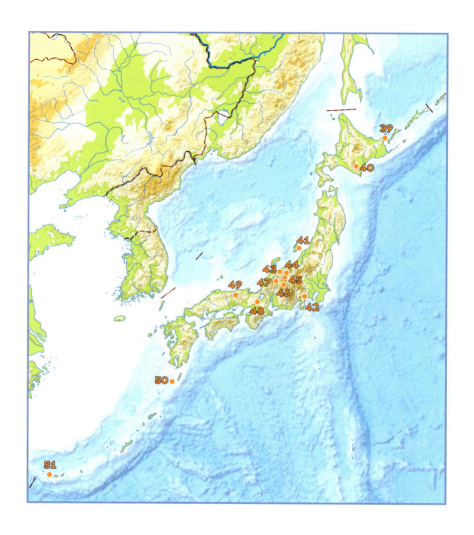

地球の「なぜ」をさがす旅へ　　プロローグ		6
「自然地理の目」で風景をさぐる　　増補新版にあたって		8
自然地理 資料		222
世界の地形，世界の気温（年平均），世界の降水量（全年），世界の植生		
参考文献		224
地理用語 さくいん		228
おわりに		230

地球の「なぜ」をさがす旅へ

プロローグ

　本書は，地球上の風景の中にある素朴な疑問を追究するマニュアルになることをめざしている。

　風景は，目に見えるものだけで構成されているわけではない。その場に行って人が五感で感じるものである。私は今まで，世界30か国以上に出かけ，フィールドワークをしてきた。旅をすると，その土地ならではの景色を眺め，郷土料理を食べ，風の香りを感じ，音を聴き，そして感触を確かめる。このうち景色については，有名であればあるほど，前もって写真やテレビの映像で目にしていることが多い。しかしその土地へ行き景色を五感で感じてこそ，風景に親しんだことになると思っている。その体験の中から，あらゆる疑問が生まれてくる。

　その疑問を，本書では「自然地理」を軸に解いていく。自然地理に注目するのは，どんな風景も地域の自然環境が必ずかかわって成立しているからである。例えばパリ都心の景観も，その地下にある地質とかかわっている。その自然環境を，単に見た感じではなく，科学的な根拠をもって考えるのが自然科学的な思考である。この自然科学的な思考が，本書のめざす「追究のマニュアル化」には欠かせない。

　自然地理を軸に解くとはいえ，風景のなりたちは自然環境とともに，社会的な要素も大きい。そこで話題は，自然環境を出発点にして，歴史や文化にもおよぶ。高等学校の地理教員をしている私が，日頃の授業で強調するのは，「風景は自然環境と人間生活がお互いに働きかけあってできている」ということだ。例えば，「赤い川」の意味をもつコロラド川が今は赤くないのは，1929年におこった世界恐慌がかかわっている。つまり風景を理解するためには，自然環境と人間生活を別々に考えてもダメなのである。あらゆる風景の基本となっている自然環境を出発点とし，そのうえで歴史や文化などの人間生活を考える視点，

砂漠に林立するビュート
（アメリカ・モニュメントヴァレー，2009年）

それを本書では「自然地理の目」とよぶ。

　自然地理の目は，誰もがもてる。山では登山者として，街では観光客として，つねに「なぜ」の視点をもって風景を眺めればよい。そこで感じた疑問をそのままにせず，現地の人に聞いたり文献を集めたりして調べることで，自然地理の目は養える。たいていの観光地には自然や歴史を紹介したパンフレットがある。インターネット上にも多くの情報がある。もちろんそこには，自分がもった疑問にストレートに答えてくれる説明文はないことが多い。そこで，多くの情報を読み解き，自分の疑問の答えを探し出していく作業が必要となる。これが風景の追究である。

　この風景を追究する方法を紹介したのが，本書の51テーマである。登山者として，また観光客として世界や日本を旅する中で抱いた疑問を，現地の人に聞いたり文献を集めたりして調べ，流れになるようまとめた。2016年に二宮書店から刊行した前著『自然地理のなぜ!?48』に写真やテーマを追加し，より親しみやすいよう装丁やレイアウトを一新した増補新版である。自然や旅行が好きな中学生・高校生・大学生，一般の方々にぜひ読んでいただき，風景の中にある素朴な疑問を探るヒントとしてほしい。また，探究型の授業に取り組む教師や自然解説者にも読んでいただき，謎解きの手法を一緒に体験していただきたいと思う。地理の授業は話に流れがなくてつまらないと思っている人にこそ，地理には謎解きのストーリーがあることを知ってもらい，地理のおもしろさに気づいてもらえたら幸いだ。さらに地理とは縁がない人にとっても，風景や社会の中から課題を発見しそれを解決していく能力をみがく参考例ともなるだろう。読んだうえで，風景の中から「なぜ」を見つけ，その謎を解く旅に出かける人が1人でも増えていけば，嬉しい限りである。

2017年3月　筆者

「自然地理の目」で風景をさぐる
増補新版にあたって

写真❶ 「アルプ」の羊（スイス・ベルナーオーバーランド山群,1996年）

　嫌いになりたいのに，旅が好き。準備も手間だし，お金もかかる。でも見るもの聞くもの新鮮な，あの旅先での空気感は何物にもかえがたい。
　そのように思う人に本書を取ってもらい，風景の「なぜ」をさがす旅に出かけてほしい。それが私の願いであることをプロローグで述べた。より多くの人に親しんでもらうための改訂とはいえ，前著で掲げていた「自然地理の目」で風景を見ていくという趣旨は変わらない。自然地理の目をもつためには，山では登山者，街では観光客であればよく，これが地理とか自然地理の目とか意識する必要はない。とはいえ，学校での地理学習と縁が遠かった人には，自然地理とはどのようなものという定義があると安心できるのではないか。そこで，その位置づけを簡潔に述べよう。
　自然地理学とは，地球上にみられる地形や気候などの自然現象を，人間生活の基盤としての観点から考察するもの。その学問上の位置づけは図❶のようになる。地理学の一分野なので，地形や気候の探究といっても，あくまでもそれが人の生活とどのような関係があるのかの視点が大切となる。たとえば平野を流れる川の周辺に家が列状に分布しているとき，まずこの集落がわずかな高まりの上にあることに気づく。次に，その自然堤防とよばれる高まりがどのようにでき，そこに集落ができたのはなぜかを考える。自然堤防は川そのものがつくり，そこに集落が立地するのは洪水による浸水を避けるためとわかれば，ほかの川の周辺にも同様の集落分布ができているのではないかと考える。これが自然地理学の探究の流れである。

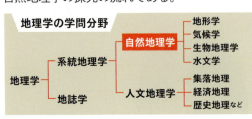

図❶　地理学の学問分野

写真❷　高山に棲むライチョウ
（長野県乗鞍岳,1995年）

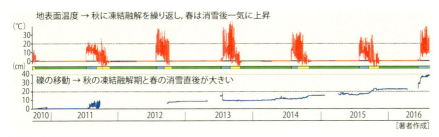

図❷　6年間の地表面温度と礫の移動

　人が住んでいない山の上でも，自然地理的な探究方法は役立つ。筆者が長野県乗鞍岳で取り組んでいる地面の温度や礫の移動の観測データは，図❷のように一見無機質だ。しかしそのデータから，地形がいつ，どのようにでき，今後どう変化していくのかを明らかにでき，災害や地球温暖化に対する応答を考える基礎データとなる。その地形の変化を人の生活に結びつける過程で，多くの他領域の分野が関係するので，学問の垣根を越えて考えていくことが大切となる。

写真❸　氷河のクレバス
（ニュージーランド・アオラキ，2007年）

　このように自然地理学は，特定の現象ばかりを狭く研究するものではなく，多岐にわたる現象を，幅広く探究していくものである。そのため，自然地理的な探究手法は多くの学問で取り入れられているし，何より普段の生活の中にも活かされている。住む場所を考えるとき，値段だけでは決めないだろう。交通や買い物の利便性，地震や洪水の安全性，気候や風景の快適性などを総合的に判断して決めるのがふつうだ。それをなんとなくではなく，明確な基準で判断するのが地理的な探究である。つまり，地理は生活に根ざしている。誰もが地理の探究者といってよい。

　「嫌いになりたいのに，旅が好き」。そんな思いの人だけではない。「勉強は嫌いなのに，地理は好き」。そんな人も増やしたい。それが本書の改訂にこめた願いである。

Asia

1	山の中になぜ堤防がある!?	万里の長城の地理的な見方
2	渡り鳥はなぜ集まる!?	朝鮮半島38度線の歴史
3	4万もの島はなぜ密集する!?	マレー諸島の地体構造
4	熱帯雨林になぜ雲がわく!?	カリマンタン島の持続可能な社会
5	棚田はなぜつくられた!?	フィリピンの自然と農業
6	高原のコーヒーはなぜ味わい深い!?	ニューギニア島の農業
7	ライオンはなぜ水を吐く!?	シンガポールの水環境
8	ヒマラヤ山中になぜ水の都が!?	インド・カシミールの地形
9	エヴェレスト登山はなぜ春がいい!?	ヒマラヤの気候と地形
10	石油はなぜ砂漠に眠る!?	アラブ首長国連邦の石油資源
11	巨大土石流はなぜおこる!?	カムチャツカの自然

アジア

1) 山の中になぜ堤防がある!?
万里の長城の地理的な見方

写真❶ 万里の長城（北京北方の八達嶺長城，2016年，筆者撮影）長城は北京地域だけで629kmの長さがあり，市街地縁辺を半円形に取り囲む。峻険な尾根上に築かれた蛇行した城壁は，各関所をつなぎ，広大な防御システムを構築している。

> **Q** 中国北部に延々と，その構造物は連なる。あるところは山の断崖の上を，あるところは草原の中を，東の海岸線から西の砂漠地帯まで続く。この配列を地図上で眺めると，川辺に築かれた堤防のように見えてくる。その場に行ってみると，まさに堤のように立ちはだかり，容易には越えがたい威圧感がある（写真❶）。山の中にあるこの堤防は，誰が，何のために作り，なぜそこにあるのか。

✚ 山の中にある堤防とは？

　中国北部に連なるこの堤防状の構造物は，万里の長城である。その総延長は8000kmとも，2万kmともいわれ，当時の1里400mの尺度では万里を優に超える。

万里の長城の原形が築かれたのは，はるか昔にさかのぼる。紀元前2500年頃，華北に城壁で守られた諸集落がみられるようになる。このような集落を守る城壁は，紀元前7世紀頃には諸国家が領土を守るための列状の壁に発展した。これが時代とともに結合し，増補され，後代に残る形となった。

　そもそも華北の平原地帯は，古代文明を育んだ古くからの要地である。古代文明を支えたこの肥沃な地は，黄河などの諸河川が土砂を堆積させてつくった沖積平野である（図❶）。山東省の泰山一帯の丘陵地はかつて，黄海に浮かぶ島であったが，黄河の土砂堆積により華北平原の一部となった。山東半島も，かつての島が砂州でつながって陸続きとなった陸繋島である。黄河による土砂運搬量は年16億㎥にのぼり，世界最大である。

　黄河の土砂運搬量が多いのは，中流域にある黄土高原の影響が大きい。黄土高原は，ゴビ砂漠などの中国北西部の砂漠から飛んできた砂が堆積した風成層からなる。陸地上で堆積してできた地層は固結度が弱く，侵食されやすい。この侵食されやすい大地を黄河が通るときに，大量の土砂が川に入り込む。黄土高原から供給される土砂の量は，黄河が運搬する全土砂量の90％を占める。

　土砂運搬量が多いと，河川の流路は移ろいやすい。増水時に自然堤防ができ，自然堤防ができると河床は上がる。次の増水時には，河水はより低いところを求めてあふれ出し，流路を変える。いわゆる氾濫である。古代から平原地帯に住む人たちは，黄河の氾濫に苦しんできた。現在は渤海に注ぐコースだが，黄河の流路は紀元前602年の大洪水の際には，山東半島の南側を通る流路に変わった。このような河道変遷はたびたび起きた。現在は最短で海に

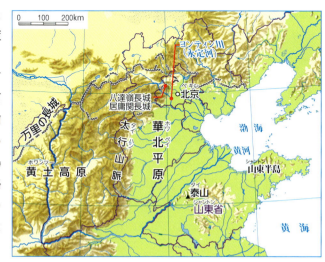

図❶　万里の長城

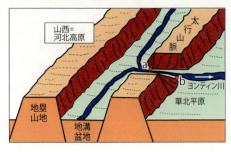

図❷　断層山地の模式図(筆者作成)
地溝盆地では，谷幅が広くて山脈に並行する細長い谷ができる。このような谷を縦谷という。地塁山地の弱い部分が破られると山脈を直角に横切る谷ができる。これを横谷とよぶ。横谷の両岸の谷壁は急斜面で，V字型の峡谷となる。北京北西の八達嶺(a)と居庸関(b)はこの峡谷の両端に当たる。

達するコースがとられているが，これは河川勾配をなるべく急にして流速を速めた方が，土砂が途中で堆積する量を減らせるとの治水政策上の判断による。

このような長年の治水に対する理念が，万里の長城にも応用された。治水と万里の長城には，いったいどのような関係があるのだろうか。

➕治水と万里の長城の関係とは？

万里の長城は，ただ一本の壁が延々と続いているのではない。あるところは枝分かれし，あるところでは複線状になる。特に首都北京周辺では，複線状の分布が見られるのみならず，その一本ずつがどれも太く，高く，堅牢である(写真❷)。この理由は，北京周辺の地形にある。

北京は北方の高原地帯と南方の平原地帯との境界に位置する。北方の山西＝河北高原は北東から南西方向に連なる地塁山地と地溝盆地の配列からなる(図❷)。その地溝部分を北東に流れるヨンティン川(永定河)は，出口をブロックするように連なる太行山脈を横切って華北平原に出る。ここに山地を穿つ峡谷ができた。この峡谷は，モンゴル方面から北京周辺に抜ける重要な交通路として，古来から使われてきた。紀元前4～5世紀の匈奴，13世紀のモンゴル帝国，17世紀の満州民族など，遊牧を生業とし，中国の平原地帯への進出機会をうかがう諸民族にとって，まさに山脈に開いた自然の抜け道だった。北方民族の侵入を防ぐ目的をもつ万里の長城がこの周辺で特に堅牢なのは，戦略上の重要な場所だったためである。

要害の地では堅牢にし，山岳地帯や大河川などでは自然の障壁を活かす方法で，長城は構築された。北からの騎馬民族の襲来を洪水に見立てた，合理的な防御システムといえる。平原の諸王朝は，治水で得たノウハウを長城設計にも援用したのである。

アジア

写真❷ 八達嶺長城(2016年,筆者撮影) 壁の高さが左右で異なる。左が北側で,モンゴル方面からの騎馬民族の攻撃に備えて壁は高く,射撃孔が開いている。約100mごとにある望楼は物見櫓として,また兵士の休憩場所として使われた。

✚防御だけではない長城の役割

　中国の平原地帯に勃興した諸王朝は,辺境防衛のために長城をつくったが,それは同時に関所の役目も果たした。北京郊外の居庸関にある長城遺跡には,梵語,チベット語,モンゴル語,ウイグル語,漢語,西夏語の6種類の文字が刻まれており,ここで様々な文化が混じり合ったことを物語る。各種民族の共存が進んだ現在の中国にあって,万里の長城は国を代表する観光資源として,多くの観光客を迎えている。かつて騎馬民族をはねのけた山の上の堤防は国内外からの人の洪水にさらされながら,その歴史を今に伝える役割をしっかり果たしている。

 山の中に堤防があるのは,北方民族の侵入を防ぐ万里の長城が,川の洪水を防ぐ仕組みを応用して作られたものだから。

1 | 山の中になぜ堤防がある!?

② 渡り鳥はなぜ集まる!?
朝鮮半島38度線の歴史

写真❶ マナヅル(韓国・鉄原(チョルウォン),2012年) 非武装地帯の南方限界線から,距離4〜25kmの幅で,一般人の出入りを規制する民間人統制区域がある。この区域内では開発も規制され,冬に渡り鳥が集まる聖域となっている。

Q 面積10万km²に4950万人が暮らす韓国。人口密度は494人/km²で,日本のおよそ1.5倍に達する(2014年)。その韓国に,渡り鳥の集まる聖域がある。ユーラシア大陸を行き来し,日本にも飛来するマナヅル(写真❶)をはじめ,世界最大級の猛禽類クロハゲワシも集団で姿を現す。その聖域はどこにあり,そこになぜ渡り鳥は集まるのか。

➕軍事境界38度線の経緯

　朝鮮半島は，安定している。政治的にではなく，地質学的に。日本のような地震や火山噴火はほとんどおこらない。これは，朝鮮半島が古生代という古い時代以降，地面が急激に盛り上がったり沈降したりといった地殻変動をずっと受けなかったからである。このような安定した地質の地域は安定陸塊（りくかい）とよばれる。安定陸塊の中でも，地球最古の先カンブリア時代にできた岩石が地面に露出している地質の構造を楯状地（たてじょうち）とよび，先カンブリア時代以降の地層を地表に乗せている卓状地（たくじょうち）よりも古い。楯状地は楯を伏せたようなゆるやかな平原や高原になっていることが多く，また卓状地はテーブル状の高原になっていることが多いためそのようによばれるが，本来は地質構造を示す用語で，地形を表すものではない。それぞれの成因からわかるように，楯状地は世界で最も古い地質構造といえる。この楯状地に，朝鮮半島はある。

　地質的にはごく安定している朝鮮半島も，政治的には安定とほど遠い。朝鮮戦争は，今も「休戦」であって終結していない。1945年の太平洋戦争終結まぎわ，ソ連の対日参戦とその後の満州進撃を目の当たりにしたアメリカは，朝鮮半島全土のソ連による支配をおそれ，急遽，半島の分割統治案をもち出した。これにより朝鮮半島は，38度線付近を境に分断されることになる。1950年に北朝鮮軍の侵攻により始まった朝鮮戦争は，アメリカとソ連・中国との代理戦争となり，双方で300万におよぶ犠牲者を出した。1953年の休戦協定により，38度線付近の分断ラインがそのまま軍事境界線として固定化し，現在に続く（写真❷）。

　もし，日本のポツダム宣言受諾があと1週間早く，ソ連の宣戦布告前だったなら，朝鮮半島が分割統治されることはなく，朝鮮戦争も，その後の半島をめぐる諸問題も発生していなかったかもしれない。歴史学習に「もし」はありえないが，歴史の転換点となる出来事を理解するうえでは有効である。

写真❷　韓国と北朝鮮の国境（坡州（パジュ），2012年）オドゥサン統一展望台より撮影。ハン川〈漢江（ハンガン）〉（左）とイムジン川（右）が合流する地点。奥は北朝鮮。国境の川幅は3.2kmで，川自体が非武装地帯となっている。

写真❸　非武装地帯近くの検問所
（鉄原(チョルオン)，2012年）　韓国側では非武装地帯のさらに外側にも緩衝帯がある。集落や田畑があり，住民の立ち入りは認められているが，一般人は理由なく立ち入ることができない。

＋非武装地帯の野鳥の楽園

　朝鮮戦争の休戦協定で決められた軍事境界線に沿って，軍事的緩衝地帯が設けられた。軍事境界線を中心に南北それぞれ2kmの幅で，東西248kmにおよぶ。この地帯の内部では敵対行為が禁じられているため，一般に非武装地帯とよばれる（**写真❸,❹**）。非武装地帯にはいまも多くの地雷が埋まり，人にとっては死の地帯である。しかしその分，野鳥にとっては楽園である。枯れ葉剤の影響などで荒廃した地域もあるが，休戦から半世紀たって自然が回復してきている。

　マナヅルは，シベリアから中国東北部に生息し，世界で6000羽ほどしかいない絶滅危惧種である。越冬のため飛来する地域は，この非武装地帯（**写真❶**）と，鹿児島県出水(いずみ)平野など，極めて限られている。生息数は年々減少しているが，2009年には，韓国で約2000羽，出水平野で約3000羽が確認された。重複で数えられている分もあるが，どちらの地域もマナヅルにとってかけがえのない聖域となっていることがわかる。

　クロハゲワシはコンドルと同じタカ目の鳥で，羽を広げると3mにもなる。ヨーロッパからユーラシア大陸中央部に生息し，世界で2万羽に届かない絶滅危惧種である。朝鮮半島には越冬のため飛来し，非武装地帯の周辺で動物の死骸を食べる。

　これらの渡り鳥を，朝鮮半島の人々は民族統一のシンボルとみている。境界線もなく朝鮮半島を自由に行き来する鳥たちは，朝鮮民族にとってまさに「幸せの青い鳥」なのだ。

＋日本とつながる江華島(こうかとう)(カンファド)

　楽園の鳥たちは，非武装地帯に隣接する江華島も訪れる。江華島は，ソウルから50km北西にある。ここは，朝鮮半島と日本とのかかわりを知るうえ

アジア

で欠かせない地である。

1592年，豊臣秀吉が明を征服する足がかりとして朝鮮に出兵したのが，文禄の役である。小西行長，加藤清正ら16万の軍勢はソウル，平壌を占領したが，李舜臣の水軍の抵抗や，その後の秀吉の病死もあり，占領継続に失敗した。このとき日本軍は，江華島周辺の海上路を封鎖されたことで補給路を断たれ，ソウル撤退へとつながった。朝鮮の義勇兵にとって，江華島がソウルを奪還する絶好の要塞となったのである。13世紀のモンゴル軍襲来のときも，高麗王朝は都を江華島に移し，抗戦した。

写真❹　非武装地帯の境界（ソウル近郊金浦，2012年）ハン川〈漢江〉の河岸に沿って何重にも有刺鉄線が並ぶ。韓国は1970年代に「漢江の奇跡」とよばれる急速な経済成長を果たしたが，南北関係の改善は一進一退である。

1875年には，日本の軍艦雲揚号が江華島付近に侵入し，江華島の砲台から砲撃を受けた。このときの一連の衝突が江華島事件である（写真❺）。島を占拠した日本軍は朝鮮政府に圧力をかけ，不平等条約である日朝修好条規を結ばせた。これをきっかけに，朝鮮は日本の軍国主義に飲み込まれていく。戦争の歴史の中でつくり出された非武装地帯が，負の遺産でなく，渡り鳥の聖域として世界遺産に転化する日が来ることを望みたい。

写真❺　江華島事件の舞台（仁川広域市チョジジン，2012年）日本軍との戦闘で使われた大砲。砦の奥に見える海峡は潮の流れが速く，外国勢力をたびたび難渋させた。

渡り鳥が集まるのは，そこが非武装地帯で，地雷の埋まる死の地帯である一方，鳥には邪魔者のいない楽園だから。

2 ｜ 渡り鳥はなぜ集まる !?

③ 4万もの島はなぜ密集する!?
マレー諸島の地体構造

マレー諸島はインド洋と太平洋の間にある世界最大の諸島である。インドネシアだけで1万3000以上の島があり、パプアニューギニアの1万、フィリピンの7000、その他を加えるとおよそ4万もの島がこの地域にある。同様に大規模な諸島として知られる西インド諸島でも、島の数は1万に満たない。なぜマレー諸島には4万もの島が密集するのだろうか。

✚ 地震の多発地帯

マレー諸島は地震の多発地帯である（図❶）。2004年におこったスマトラ島沖地震では、M 9.1の地震により大津波が発生し、インドネシアを中心に、インド洋沿岸のインド、スリランカ、タイ、マレーシア、ソマリアなどで被害が発生した。犠牲者は約23万人にのぼり、記録が残る中で史上最悪の津波被害となった。震源に近いスマトラ島バンダアチェ周辺では、津波が最大30mの高さにまでおよんだ。

この地震の原因は、プレートの沈み込みである。この地域では、インド＝オーストラリアプレートがユーラシアプレートの下に沈み込む。引きずり込まれたユーラシアプレートは、その内部にひずみを蓄積させ、ひずみが限界に達したときに跳ね上がる。この地震では、長さ1000kmに達する跳ね上がりがおこり、その高さは平均で10m、最大で30mにおよんだ。20世紀以降の100年あまりで、マレー諸島周辺ではM8.5以上の地震が5回発生しており、世界的にみても地震の巣といえる。

＋プレート運動によりできた動物区境界

　地震・火山活動などの地学現象を統一的に説明するプレートテクトニクス理論が確立した1960年代からさかのぼること100年，マレー諸島の動物分布が大きく二つに分けられることが発見された。これは，小スンダ列島のバリ島とロンボク島の間にあるロンボク海峡から，カリマンタン島（ボルネオ島）とスラウェシ島（セレベス島）の間にあるマカッサル海峡を経てフィリピン諸島の南側にいたるラインで，ウォーレス線とよばれる。ウォーレス線より西側地域では，蝶類・甲虫類・貝類・鳥類がアジア系，東側地域はオーストラリア系がそれぞれ優占する。カリマンタン島の動物種がおもにアジア系であるということは，カリマンタン島がもとはインドシナ半島の一部であったことを示唆する。プレートテクトニクスによると，ウォーレス線の部分では，明確なプレート境界は提唱されていないもののユーラシアプレートが南東方向に移動してスラウェシ島の下に沈み込んでいると考えられている。事実，スラウェシ島は地震の多発地帯となっていて，火山も多い。つまりカリマンタン島はユーラシア大陸の東端であったといえる。

　ウォーレス線発見のあと，淡水魚の地理的分布を調査することによりスラウェシ島と，ニューギニア島西方のマルク諸島（モルッカ諸島）との間に，新たに動物区の境界線がみつかった。ウェーバー線とよばれるこのラインより東側では，生物種がオーストラリア系であるのに対し，西側ではアジア系の生物的要素が混合する。これより，ニューギニア島からマルク諸島までがオ

図❶　地震の震源と20世紀以降の超巨大地震
ドットは1990〜2013年のM5以上の地震，赤丸●は20世紀以降に発生したM8.7以上の地震を示す。

写真❶　サンゴ礁の島(ニューギニア島周辺，2011年) マレー諸島には日本の国土面積より大きいカリマンタン島から，ごく小さなサンゴ礁の島まで，多様な4万もの島が密集する。

ーストラリア大陸と地続きであったと推測できる。プレートテクトニクスでもこの考えは支持される。ウェーバー線の部分にも，プレートのせばまる境界がある。

✚プレートの要衝・スラウェシ島

　それではウォーレス線とウェーバー線に挟まれた地域はどのような動物地理学的特徴があるかというと，アジア区とオーストラリア区の生物的要素が混在している。この地域にあるスラウェシ島は，地質学的にも新しく，複雑な構造を示す。その原因は，ユーラシアプレート・インド＝オーストラリアプレート・太平洋プレート・フィリピン海プレートの四つのプレートが互いにせばまりあう，世界でもまれなプレート会合点となっているからである。
　世界の二つの大造山帯の分布も，スラウェシ島に関係が深い。環太平洋造山帯とアルプス＝ヒマラヤ造山帯がここで分岐する。環太平洋造山帯は太平洋を取り囲んで配列し，南極大陸太平洋岸から時計回りに，ニュージーランド ― ニューギニア島 ― フィリピン諸島 ― 台湾 ― 南西諸島 ― 日本列島 ― 千島列島 ― カムチャツカ半島 ― アリューシャン列島 ― アラスカ山脈 ― ロッキー山脈 ― シエラマドレ山脈 ― 中央アメリカの山脈 ― アンデス山脈 ― 南極半島を経て南極の太平洋岸へ戻る。プレートの境界に位置するため現在も火山・地震活動が活発な地域が多く，世界の火山の半数以上がこの地

アジア

写真❷　ウィルヘルム山頂付近の氷河地形（パプアニューギニア，2002年）
南緯6度の熱帯にあるが，標高4000m以上には氷河のつくった羊群岩が続く。羊群岩とは，氷河が基盤岩の突起上を移動する際，その上流側で研磨により丸みを帯びた地形をつくり，下流側ではぎ取り作用によりゴツゴツした破断面をつくる地形である。かつて氷河に覆われていた証拠となる。

帯に含まれる。M9クラスの地震は，20世紀以降4回しかおこっていないが，それらはいずれも環太平洋造山帯の地域で発生した（図❶）。

　一方のアルプス＝ヒマラヤ造山帯は，ユーラシア大陸南縁を東西にのび，ユーラシアプレートの下にインド＝オーストラリアプレート・アフリカプレートなど南から移動してくるプレートが沈み込む地帯にある。スラウェシ島付近で環太平洋造山帯と分かれ，アラカン山脈 ― パトカイ山脈 ― ヒマラヤ山脈 ― ヒンドゥークシュ山脈 ― ザグロス山脈・エルブールズ山脈 ― アナトリア高原 ― ディナルアルプス山脈 ― アルプス山脈 ― アトラス山脈と連なる。二つの大造山帯の分岐点にあたるスラウェシ島は，いわばプレートの要衝となっている。

＋植生帯の垂直分布

　この地域で複雑にせばまりあうプレートの動きが活発な地殻変動をもたらし，多くの島をつくった。したがってマレー諸島には山がちな島が多い。カリマンタン島最高峰のキナバル山（4095m）や，オセアニアの最高峰として知られるニューギニア島のウィルヘルム山（4509m）は，熱帯にもかかわらず，かつて氷河が存在した高峰である（写真❷）。山麓の熱帯雨林から高山帯のツンドラまで，自然景観は多様に変化する。またこの地域の活発な地殻変動は，海底の地形も複雑にし，多くのサンゴ礁を発達させた（写真❶）。サンゴ礁は沿岸国にとって重要な観光資源となっている。多様性をもった4万もの島が密集するマレー諸島は，変動する地球の博物館といえよう。

 島が多いのは，世界の二つの大造山帯が出合うところで，プレートの四つの境界にもなっていて，地殻変動が活発だから。

3 ｜ 4万もの島はなぜ密集する⁉

④ 熱帯雨林になぜ雲がわく!?
カリマンタン島の持続可能な社会

写真❶　熱帯雨林にわき上がる雲(カリマンタン島キナバル山，2005年)
森では1日に何度もスコールがある。

Q 深い森におおわれたカリマンタン島。その森にはいつも雲がわいている(写真❶)。雲が十分に発達すると雨粒となって落下しスコールとなる。人々は農作業の手をいっとき休め、小屋から空を眺める。雨粒が落ちきると空は晴れ渡り、その青空もつかの間、再び雲がわき上がる。熱帯の森に雲がわくのはなぜだろうか。

+命を育む水

写真❷　キナバル山の頂上部(2005年)　かつて存在した氷河の侵食で形成された岩稜地帯が広がる。2015年6月の地震で写真左上の通称「ロバの耳」が崩落し，人的被害も出た。

　カリマンタン島は，グリーンランド，ニューギニア島に次ぐ世界で3番目に大きい島である。島はマレーシア，インドネシア，ブルネイに分かれており，一つの島に3か国があるのは世界でここだけである。地政学的には分割されているものの，全島を熱帯雨林がおおい，豊富な動植物相をもった生態系が太古から今に続く。

　島の北部にマレーシア2州があり，その一つであるサバ州にキナバル山がある(4095m，写真❷)。カリマンタン島の最高峰であるキナバル山の一帯は，優れた景観と生態学的価値が評価され，2000年に世界自然遺産に登録された。動物種は300以上，植物種は5000以上がこの地域に息づく。捕虫器の袋の中に3.5リットルの消化液をためることができる世界最大の食虫植物ウツボカズラや，世界最大の花ラフレシアなど，多くの固有種が自生する。ラフレシアの花は直径が90cmにも達するが，芽吹きに15か月かかるのに対し花期はわずか7日ほどしかなく，幻の花といわれる。

　このように，カリマンタン島の生物相は多様性に富む。この生物多様性をささえているのが，熱帯雨林気候である。サバ州の州都コタキナバルでは，月平均気温は最暖月28℃，最寒月26℃で，年降水量は2500mmをこえる。気温が1年を通して18℃以上かつ降水量がいずれの月も60mm以上あるのが熱帯雨林気候であるが，この気候下での高温と豊富な降水こそ，カリマンタン島の豊かな生物相の命である。生物をささえるこの命の水は，どこからもたらされるのか。

+森をつくる雲，雲をつくる森

　熱帯雨林を観察すると，樹木の高さにいくつかの層状構造が見られる(写真❸)。林床には日の光がほとんど届かないため，灌木や草本がわずかに生えるだけである。樹木は，より多くの日光を受けようと背丈を50mにも伸

写真❸　熱帯雨林内部(マレーシア・サバ州ポーリン，2005年) 高木は2〜3層の層状構造をなす。上部は地上41mにある樹間を結ぶ空中歩道である。

ばし，その頂部で枝を広げる。このような高木は，体を維持するために大量の水分を必要とする。その水分は，地中から吸い上げられる。重力に逆らい高さ50mまで水を上昇させる力は，導管内における水の凝集力である。ストローを吸うと飲み物が上がってくるように，植物は葉から水分を蒸散させることで地中の水分を吸い上げる。葉から蒸散した水蒸気は雲をつくる。つまり森を育む雲をつくっているのは，森そのものである。

カリマンタン島には，このような原生林とは全く異なる様相の森もある。油やしや天然ゴムのプランテーション農園である(写真❹)。プランテーション農園には，雲がわかない。収穫しやすくするため樹木を密生させず，また収穫量を最大限にするため大木になる前に枯殺剤を注入して枯らし，樹木を更新する。そのため，葉からの水分の蒸散はきわめて少ない。したがって，プランテーション農園が増加すると，地域の降水量が減る。降水量の減少は，地域全体の生態系に影響を与える。

資源としての樹木の伐採も，カリマンタン島の深刻な環境問題である。マレーシア政府による原木の輸出制限により原木の生産量は減少傾向にあるものの，原木を合板などに加工して輸出する形態で樹木伐採は続いている。特に日本は，木材の国内自給率が上昇し輸入量が減少している中で，マレーシア産の合板の輸入は2011年の258万㎥から2013年の265万㎥へと増加している。ベニヤ板を使う際，その来歴に思いを巡らせてみたい。

写真❹　油やし農園
(ジョホールバール近郊，2014年) 油やしの果実は油分に富み，パーム油がとれる。これは洗剤やマーガリンの原料となる。収穫後すぐに工場で処理が必要となるため，小規模農園での経営はなりたたず，大規模農園となる。

写真❺
クアラルンプールの人々
(市中心部ペトロナスツインタワー前, 2016年)
マレーシアは, ブミプトラ(マレー系＋マレー半島の先住民) 67％, 華人25％, インド系7％(2010年)などによる多民族社会である。写真にはインド系の男性やムスリムの女性が見られ, 民族・宗教の多様性に富むことがわかる。

✚ 持続可能な島であるために

　カリマンタン島の環境は, 歴史の流れの中で大きく変遷してきた。15世紀にイスラームの王朝が誕生し, 少数民族の一部がイスラム化した(写真❺)。16世紀以降, ポルトガル, オランダがマレー半島に進出すると, カリマンタン島にもキリスト教が入った。さらに18世紀後半にはイギリスもマレーシアに進出し, マラッカ海峡の権益を握った。20世紀に入り, イギリスでの自動車産業の勃興に伴うゴムの需要増に応え, プランテーション農園の開発が進んだ。その労働力を担ったのは, 中国やインドからの移民である。多民族社会となったマレーシアでは, それらの移民以外の先住民を優遇するブミプトラ政策が1971年から実施されているが, 商工業における華人の影響力は強く, 1980年代以降の経済成長に大きな役割を果たした。

　経済成長は土地の開発をもたらした。伝統的な油やしや天然ゴムに加え, 米の輸出を目的とした大規模水田の開発が, 中央カリマンタンで試みられた。熱帯雨林を皆伐するこれらの農法は, 地域の環境を大きく改変し, 現地の人々の生活基盤を奪う。カリマンタン島の人々が地域に根ざした生活をこの先も送っていくため, 有限の資源にささえられた社会の発展には限界があることを我々一人ひとりが認識し, 地域の自然と文化の多様性を尊重することが大切である。今後も熱帯雨林に雲がわき続けられるよう, ODA(政府開発援助)よりESD(持続可能な開発のための教育)こそ, いま求められている。

 熱帯雨林に雲がわくのは, そこに多様な植物が茂り, その植物の葉から水分が蒸散し雲となるから。

5 棚田はなぜつくられた!?
フィリピンの自然と農業

Q 7109もの島があるフィリピン。島の数は日本の6852を上まわり、インドネシア、パプアニューギニアに次ぐ世界第3位である。それらの中には、ダイビングのメッカであるセブ島や、太平洋戦争の激戦地レイテ島など、日本でなじみの名も多い。これら多くの島のうち、最大の面積をもつのがルソン島である。ルソン島には過密都市で名高い首都マニラもあるが、大部分は山がちな地形であり、一歩郊外へ出ると農村風景が広がっている。その農村風景を特徴づけるのが、棚田である（写真❶）。山がちなルソン島で田をつくる苦労は大きい。にもかかわらず棚田がつくられたのはなぜだろうか。

✚日本とよく似た自然環境

　山がちな島嶼国というフィリピンの自然環境は、日本と重なる。フィリピン諸島は、ユーラシアプレートの下にフィリピン海プレートが沈みこむ、プレート沈みこみ型境界にできた列島であり、これは日本列島の状況と同じである。どちらもプレート運動による地殻変動が活発であるが、フィリピン諸島の場合、沿岸のフィリピン海溝の最深部−10057mから沿岸の陸地までの距離は100kmに満たない。日本海溝の最深部（−8020m）から陸地までが200kmほどあることと比較すると、地震や火山活動など地殻変動の影響は日本以上と推測できる。実際、フィリピンでの火山噴火による災害は甚大である（写真❷）。1991年のピナトゥボ山（1486m）の大噴火では、降灰がカンボジアなどインドシナ半島まで達し、航空機の運航に支障が出た。堆積した火山噴出物は雨季に土石流となって集落を襲い、このときの被災者は120万人に達した。

　このような土石流は、時に鉄砲水となる。1991年、レイテ島オルモック

アジア

写真❶　棚田（ルソン島マヨン山山麓，2012年）山の中腹まで棚田が広がる。マヨン山（2462m）は端正な成層火山で，国のシンボルとして100ペソ紙幣のデザインにも使われている。

で発生した鉄砲水は，町を一瞬にして飲み込み，5000人以上もの犠牲者を出した。倒木が橋脚に引っかかり川の流れをせき止め，その堰が決壊，濁流となり，まさしく弾丸のような勢いで町に流れ込んだのである。川の中州や低湿地に住む貧困層が直撃を受けた。土砂災害は繰り返され，2006年には南レイテ州で犠牲者1万7000人以上を出す土砂崩れが発生している。

　これらの土砂災害は，人間生活のあり方によって増幅されている面がある。森林が伐採され自然の保水能力が落ちていること，また森と共生して暮らし

写真❷　土石流で破壊された教会（レガスピ郊外カグサワ教会跡，2012年）　1814年のマヨン山大噴火による溶岩流と土石流により破壊された。かろうじて残ったこの塔は周辺の村人の避難場所となった。

5｜棚田はなぜつくられた!?

写真❸　ココやし（アルバイ州サンロケ村，2012年）原生林を切り開いたプランテーション農園で大規模に栽培される。果実の胚乳を乾燥させたものをコプラといい，工業原料とするほか，果実のココナッツは食用にもなる。

ていた農民が，ココやし（写真❸）やさとうきびなどのプランテーション農園の開発によって追い出され，都市部の低湿地や河川敷に不良住宅地区スラムをつくって住むことで，災害の規模が年々大きくなっている。

　自然の開発により災害が増えるのは事実であるが，人間が生活していくためには自然を利用していくしかない。自然災害を抑え，環境を保全しながらいかに自然と共存していくか。その知恵としてフィリピンで伝統的に取り入れられてきたのが，棚田による稲作である。

＋棚田での稲作の伝統とその衰退

　フィリピンで棚田を使った稲作は，紀元前1150年には始まっていた。現在まで何世代にもわたり営々と受け継がれている。熱帯モンスーン気候下で二期作が可能であり，収量は多い。乾季の田植え時には天水を頼れないため，水を人力で持ち上げ，最上部から流すことで，下部の田まで自然に水を流す灌漑システムを構築した。

　棚田の工夫はほかにもある。ルソン島北部のイフガオ州では，急傾斜地のため棚田を区切る壁は6〜7mに達する。その壁は，ある集落では泥を絶えず踏み固めることで維持し，またある集落では死者の骨を入れた棺桶を積み重ねていくことで維持している。このように，棚田は地域や民族に

写真❹　雨季の市街地（マニラ，2012年）フィリピンでは熱帯収束帯が北上する時期に雨季となり，亜熱帯高圧帯におおわれる時期に乾季となる。5月から11月の雨季にはスコールが1日に何度も発生し，そのたびに市内各所で道路が冠水して市内の渋滞に拍車をかけている。

よる独創的なアイデアと努力で維持されている。

この棚田は1995年，世界文化遺産に登録された。その選定理由として，貴重な伝統文化の証拠，歴史上重要な景観，土地利用の傑出した例であることが挙げられた。この傑出した土地利用の意味するところは，単に耕地の有効利用にとどまらず，防災機能をもつ視点も含まれる。段々状の地形が水流の勢いを抑えることで，土砂災害を防いでいる。ところが近年，耕作放棄地が増加し，一時は世界遺産の危機遺産リストに入った。プランテーション農園で商品作物栽培に従事する方がより多くの収入を得られることを知った農民が，棚田を放棄し始めたのである。棚田の荒廃は，自然災害に結びつく。その自然災害で犠牲になるのは，つねに貧困層である。つまり，貧困問題と自然災害とは密接にかかわっているといえよう（**写真❺**）。

写真❺　村の小学生（アルバイ州サンロケ村，2012年）
小学校は義務教育であるが，就学率は約60％にすぎない。子どもは家の貴重な働き手であり，経済格差が反映し，低所得者層ほど就学率は低い。

＋強いられたモノカルチャー経済

フィリピンの貧困問題の背景には，スペインによる植民地支配の歴史が色濃く残る。1834年にマニラを開港して以来，砂糖，マニラ麻，タバコなど商品作物の生産を強いられた。日本による占領期を経て戦後は，日本市場向けにバナナを栽培する多国籍企業が多数進出し，プランテーション農園を経営する。国境線は民族分布と関係なく引かれ，ミンダナオ島南西部のモロ人によるイスラム国家建設をめざした分離独立運動などが発生している。列強による植民地支配で，フィリピンは現代に多くの課題をかかえることとなったが，今なお見られる棚田は，その地域の自然に適応した農業こそが持続可能な暮らしをささえうることを示している。

　棚田がつくられたのは，棚田が山がちな地域で土砂災害を抑えながら稲作を行う，持続可能な暮らしをささえるから。

高原のコーヒーはなぜ味わい深い!?
ニューギニア島の農業

Q キリマンジャロ，ブルーマウンテン，モカ…と聞けば，その道のツウでなくてもコーヒーに思いいたる。いずれも良質で名高いコーヒーの産地，あるいは積出港の名前である。ではゴロカコーヒーはどうだろうか。ほどよい酸味で香り高く，味わい深いゴロカコーヒーは，パプアニューギニア産である（写真❶）。これらのコーヒーの産地は，いずれも高原にある。高原ではなぜ，良質なコーヒーが生まれるのか。

写真❶
アラビカ種のコーヒー
（パプアニューギニア・東部山岳州ゴロカ，2002年）
12～3月の雨季に開花し，7～10月の乾季に収穫期を迎える。

写真❷　水上集落(ポートモレスビー，2002年)
海上に高床式住居が並ぶ水上集落が形成されている。マラリアなどの風土病を防ぐ利点があるが，上下水道などの生活インフラは整っていないため，住環境はよくない。

＋ニューギニアの自然

　ニューギニア島の森は深い。46万km²の国土におよそ750万人が暮らすパプアニューギニアは，人口密度16人/km²で，日本の336人/km²と比べ20分の1以下である(2014年)。国土の大半がいまだ手つかずの熱帯雨林におおわれ，その森が多くの生命を育む。

　森の中でひときわ異彩を放つ鳥がいる。バードオブパラダイス，和名で極楽鳥とよばれるこの鳥は，オセアニアの熱帯に生息するフウチョウ属の鳥である。原色のカラフルな羽の美しさから狩猟の対象になっているが，今でも43種のうち36種がニューギニア島の森に棲んでいる。

　豊かな森に育まれるのは，動物だけではない。多くの民族が，自然と共存して暮らしている。パプアニューギニアには，800以上の言語が今でも残り，数多くの少数民族が農牧漁業を主とした自給自足に近い生活をしている(**写真❷**)。自給作物としてさつまいも，ヤムいも，タロいも，バナナ，さとう

写真❸　ムームー料理(東部山岳州アサロ，2002年)
地面に掘った穴に熱源として焼き石を入れ，その上にバナナの葉などで包んだ鶏肉や根菜類をかぶせると，30分ほどで蒸し上がる。鍋を使わず調理できる，パプアニューギニアの伝統料理である。

写真❹　焼畑耕作地（シンブー州クンディアワ，2002年）
山奥の急斜面でも焼畑農業が行われている。コーヒーのプランテーション農業が欧米人の導入した商業的農業である一方，焼畑農業は伝統的な自給的農業である。

きびなどを栽培し，葉物野菜も豊富である。それらの作物は，土で作った鍋や地面を掘ったかまどで調理される。そのかまどに焼いた石を入れ，葉で包んだ肉や野菜をのせてバナナの葉でふたをして蒸し焼きにする料理は，ムームーとよばれ，村の人の日常的な食事となっている（**写真❸**）。この自給作物の栽培が主だったニューギニア島の森の民が，コーヒーを栽培するようになったのはなぜだろうか。

➕コーヒー栽培の発展

　ニューギニア島の内陸部に連なるビスマーク山脈の東部に，パプアニューギニア東部山岳州の州都ゴロカがある。ゴロカは標高1600mで，周辺は高原地帯となっており，小規模なコーヒー畑が点在する。

　パプアニューギニアのコーヒー栽培は，ブラジルやタンザニアと同様，欧米人により商品作物として導入された。20世紀初頭，ジャマイカで生産されていたブルーマウンテン種が導入され，重要な換金作物として高原地帯に広まった。コーヒーの栽培条件は，成長期に高温多雨，結実期に乾燥していること，排水が良好であること，年平均気温が20℃前後で，気温の年較差が小さく日較差が大きいこと，肥沃な土壌があること，霜が降りないことである。これらの条件に当てはまるのは，赤道と南北回帰線の間で，その範囲はコーヒーベルトとよばれる。コーヒーベルトの中であっても，低地では気温の日較差が小さいため，良質にはならない。つまり熱帯の高原地帯の気候は，良質なコーヒーの栽培条件に合致する。これが，高原のコーヒーに味わい深さをもたらす理由である。

　パプアニューギニアで生産されるコーヒーは，年間8.6万t（2012年）で，世界全体からみれば1.0％にすぎない。しかしパプアニューギニアにとって

は，日本に年間25億円輸出する重要な商品となっている。斜面の多い高原地帯で栽培するため，ブラジル高原のような大規模化や機械化は難しく，農家が自給作物の栽培のかたわら，手作業で小規模に，現地の人が手間暇かけて栽培，収穫する。これがゴロカコーヒーの魅力ともなっている。

✚ 今も続く焼畑農業

　ニューギニア島の高原地帯は，低地に比べれば腐植層がやや多いとはいえ，やはり熱帯に特有の土壌ラトソルが広がり，肥沃とはいえない。そこで，伝統的に行われているのが焼畑農業である（写真❹）。焼畑農業は，熱帯雨林を焼き払うことでその灰を肥料や中和剤とし，作物を栽培する農業である。土地は一時的に肥えるが，3年程度使うと収量は低下してしまう。そのため畑を休閑させ，ほかの場所を焼き払い新たに農地をひらく。休閑は，森林が再生し地力が回復するまで10年以上を必要とする。そこで各農村集落は，決まった移動パターンで集落ごと移動する。そのため，移動農法ともよばれる。焼畑農業は広大な土地を必要とするので，人口増加とともに世界的には農業の定着化が進んでいるが，ニューギニア島の森では今も営々と受け継がれている（写真❺）。

　この深い森は，太平洋戦争中，旧日本軍にとって難敵となった。1942年，部隊はニューブリテン島を拠点に現在の首都ポートモレスビーの攻略に向け，ビスマーク山脈越えの行軍に出発する。いわゆるココダの戦いである。飢えとマラリアに苦しみ途中で断念し，撤退が命じられるが，オーストラリア軍の反撃もあり部隊は壊滅する。多くの日本兵が森の中で非業の最期を遂げたのだ。故郷の家族を思いながら異境に散った若き青年たちが触れたであろうコーヒーの木だからか，高原のコーヒーは殊に味わい深い。

写真❺　農村の家（東部山岳州アサロ，2002年）
焼畑耕作地の移動とともに建物ごと移動できるよう，作りは簡便になっている。

　高原のコーヒーが味わい深いのは，生育条件に適した気候のもとで，地元の人が手間暇かけて栽培しているから。

7 ライオンはなぜ水を吐く!?
シンガポールの水環境

写真❶ マーライオン像(シンガポール,2016年) 背後の3本のタワーはホテルや商業施設からなるマリーナベイサンズ。マーライオン像の背後に並ぶ高層オフィスビル群とともに,シンガポールの経済発展を象徴する。

Q シンガポールの観光名所として名高いマーライオン像。その口からは水が勢いよく吐き出されている(写真❶)。サンスクリット語で「ライオンの都市」を意味するシンガポールの象徴として,マーライオン像周辺は多くの観光客でにぎわう。その一方,島国のシンガポールにとって,水は貴重なもののはずだ。その貴重な水をなぜ,マーライオンは惜しげもなく吐き出し続けるのか。

✚シンガポールの工業化の歴史と現状

　シンガポールの地理的重要性にいち早く気づいたのは，イギリス東インド会社の一社員だったラッフルズ（1781～1826年）である。彼は，マラッカ海峡に臨むマレー半島の南端に位置するシンガポールの地が，ヨーロッパと東アジアを結ぶ交易ルートの中継地として，またインド洋と太平洋をつなぐ海上交通路の結節点として発展することを予見し，当時この地を支配していたジョホール王国から譲り受けることに成功した。その予見通り，一大貿易港として発展したのは，ラッフルズによる自由貿易港宣言，民族間の紛争を避けるための民族別居住区の設定，商業を担う人材育成をめざした教育の普及などによるところが大きい。19世紀末にイギリスが大規模なゴムのプランテーション建設とすず鉱山開発のためにマレー半島に本格進出し，その中継・加工貿易港となると，シンガポールはさらに発展を遂げた。そして，第2次世界大戦中の日本の一時的占領，1965年のマレーシアからの分離独立を経て，経済成長著しいアジアのハブとしての地位を築きあげた。

　工業化を進めるシンガポールにとってネックとなったのは，都市国家であるがゆえの工業用地の不足である。1960年代から工業地区として開発が進んだジュロン工業団地も，1980年代には工場の新設や増設が困難となる。さらに経済成長により労働者の賃金も上昇してくる。そこで多国籍企業は，より安価な土地と労働力を求め，細い海峡をはさんで北に隣接するマレーシアのジョホールバールに工場を移す動きを活発化させた。ジョホールバールは現在，シンガポールの成長を担う一大工業集積地区として，発展を遂げている（写真❷）。

　ジョホールバールでは，シンガポールとの交流が進むとともに，ニュータウンやリゾート開発も進んだ。国境管理所は，平日はジョホールバールからシンガポールへの通勤者で混雑し，週末は物価の安いマレーシア側へ日帰りの買

写真❷　ジョホールバール・イスカンダル地区
（マレーシア，2014年）国境をこえたシンガポールの衛星都市として，商業施設やホテル，別荘地，大学，マリーンレジャー拠点などが急増している。

い物に出かけるシンガポール人で混み合う。2011年，ジョホール州への外国人旅行者数は1500万人にのぼり，その90％がシンガポールからの日帰り買い物客だった。

＋水資源の危機と新たな確保策

　ジョホールバールにおけるマレーシアとシンガポールの交流は，人や工業製品だけではない。双方の地を隔てる海峡には，鉄道や道路と並行して水道管がはしる。大河川のないシンガポールにとって，水の確保は経済発展上の重要な課題であり，その一つの方法として，マレーシアから送水を受けている。

　シンガポールがマレーシアから独立する際，その後50年間，および100年間にわたり水を供給し続ける契約が交わされた。その最初の期限となる2011年を前に，両国は契約更新のための交渉を行い，その場でマレーシアは料金を15倍以上に値上げする条件を出した。さらなる人口増加，経済発展が見込まれるシンガポールは，この条件を飲まざるを得なかった。この苦い経験を機に，シンガポールは水資源の自給をめざし，三つの施策に本格的に力を入れ始める。

　第一はダムの建設である。2011年までに17のダムが完成したことで，シンガポールの国土面積の3分の2がいずれかのダムの集水域となった（**写真**

写真❸　マリーナ・バラージ貯水池(シンガポール，2015年) 堰の左側が貯水池，右側が海。この一か所で国内水需要の10％をまかなう。水源のほか，洪水調整，ウォータースポーツ利用など，多目的ダムである。

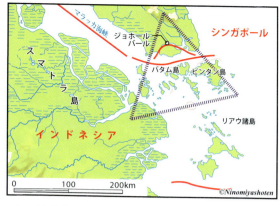

図❶ シジョリ地域「成長の三角地帯」
バタム島には2007年現在で外資系企業が700社進出，ビンタン島にはシンガポール人専用のリゾート地も開発された。2000年までの10年間にリアウ諸島全体で新たに20万人以上の雇用が創出された。

❸)。2060年までにはその割合を9割まで引き上げる計画で増設が進められている。第二は海水淡水化装置の導入である。日本メーカーの浸透膜技術を用いた装置が2005年から稼働し，2015年現在では全需要量の10％程度と少ないものの，2060年には30％にする計画がある。第三は下水の再生利用である。2015年現在で全需要量の30％を占め，おもに工業用水として利用されている。水資源自給の切り札とされ，2060年にはその割合を60％にまで拡大する計画である。

╋シジョリ地域　国境をこえた地域開発

　水の問題などでぎくしゃくするマレーシアとの関係であるが，一方で，両国の経済にとって，双方は不可欠な存在でもある。経済発展には，弱点を補い合う国際連携が有効と，新たにマラッカ海峡に浮かぶインドネシアのリアウ諸島が注目され，バタム島や，ボーキサイト産出で知られるビンタン島に，シンガポールの企業とインドネシアの財閥が出資した大規模な工業団地が建設された。シンガポールとともに，ジョホールバール，リアウ諸島を合わせた地域は「成長の三角地帯」，それぞれの頭文字をとってシジョリ（SIJORI）地域ともよばれ，国境をこえた経済圏開発の成功例として注目される（図❶）。
　アジアの雄として「ライオンの都市」の名を体現するシンガポールも，水資源の問題を追究すると，現在の発展を裏打ちする環境が決して盤石ではないことがわかる。そのことを忘れないシンボルとして，マーライオンは今日も水を吐く。

 マーライオンが水を吐くのは，シンガポールの発展に不可欠な水資源確保を啓発するシンボルだから。

ヒマラヤ山中になぜ水の都が!?
インド・カシミールの地形

写真❶ 水上マーケット（インド・スリナガル，2014年）夜明け前，ボートが湖の入り江に集まり，野菜が物々交換される。

Q 水の都といえばヴェネツィアかバンコクあたりを思いおこす。いずれも河川や運河が街中を縦横に走り，それらが重要な交通路となっている水辺の都市である。日本でも福岡の柳川などが有名だが，これらの都市には海辺という共通点がある。ところが海とは離れたヒマラヤの山中に，人口100万をこえる水の都がある。集落は水路で結ばれ，毎朝，水上マーケットに人々が集う（写真❶）。ヒマラヤ山中になぜ水の都があるのか。

40

＋ヒマラヤの街　スリナガル

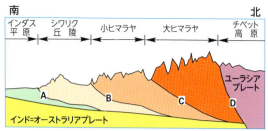

図❶　ヒマラヤの模式構造断面
プレート間の地質は主に海底堆積物起源で，ヒマラヤが海底から隆起してできた証拠となる。
A：主前縁衝上断層　B：主境界衝上断層
C：主中央衝上断層　D：インダス・ツァンポ縫合帯

ヒマラヤ山脈は三つの帯からなる（図❶）。南側から順にシワリク丘陵，小ヒマラヤ，大ヒマラヤとよばれる山脈列である。それらの境界にはそれぞれ断層が走る。主前縁衝上断層（Main Frontal Thrust），主境界衝上断層（Main Boundary Thrust），主中央衝上断層（Main Central Thrust）とよばれる大断層が各山脈列の南側を走り，ここがユーラシアプレートにインド＝オーストラリアプレートが沈み込む現場であることを物語る。

　大陸プレート同士の衝突は強大な地殻変動をおこす。地殻変動は活発な断層運動を伴い，この断層運動によって大山脈や大盆地が形成された。カシミール地方のパキスタン支配地域には標高8126mで世界9位の高峰ナンガパルバット山がある一方で，その南方130kmにはインド支配地域の大都市スリナガルを擁する標高1500mの大盆地が形成された。このような盆地は両プレート間の変動帯に点々と見られ，ほかにもカトマンズやティンプーなど国家の首都となっている都市も多い。

　盆地となったことで湖が形成され，山中に水辺が生まれた。その水辺で発展したのがスリナガルである。確かに水と隣り合った生活が営まれ，水の町といってよい。しかし水の「都」とよぶには，町が都市に発展していなくては不十分だ。スリナガルはヒマラヤ山中にありながら，なぜ都市に発展できたのか。

写真❷　カシミア山羊（スリナガル市街，2014年）
通りのいたるところに山羊が群れる。高級織物の原料として，現在も絨毯などの毛織物に利用される。

✚紛争の地　カシミール

　カシミールは紛争の地である。インドとパキスタンが領有を争い，いまだ国境が画定していない（図❷）。この紛争の背景をひもとくと，スリナガル繁栄の理由がみえてくる。

　カシミールの歴史は紀元前にマウリア朝が支配下に治めたことに始まる。中世にはカシミア山羊からつくる高級織物がヨーロッパへ運ばれ，織物産業が発展した（写真❷）。この豊かな土地をめぐり，16世紀にはイスラームのムガル帝国が支配する。17〜18世紀にはその皇族の行楽地の役を担った。山に囲まれた風光明媚な盆地は，インダス・ガンジス平原地帯の夏の暑さを避けられる絶好の避暑地だった。

　19世紀初頭にはイギリス植民地となる。湖上には入植者たちの別荘であるハウスボートが並んだ。湖上の別荘は野獣の進入を防ぐのに好都合なだけでなく，水路網でそのままどこへでも行ける交通手段としても便利だった。現在でも500隻以上のハウスボートがスリナガルのダル湖畔に浮かび，住居や宿泊施設として利用されている（写真❸）。

　平穏が去ったのは第2次世界大戦後である。イギリスから解放された際，カシミール地方の統治を任されていた藩王は，そのまま独立国家になることを望んだ。しかし住民の多くがムスリムであり，イスラーム国家パキスタンへの編入を望んだため混乱がおこる。その混乱に乗じてパキスタン軍が介入し，藩王はインド政府に保護を求める。これによりインド・パキスタン戦争が始まる。

　国連主導で停戦ラインが引かれたものの，衝突はその後も続き，現在でもカシミールはインド側に6割，パキスタン側に4割が入る管理ラインで分断されている。3回のインド・パキスタン戦争を経て両国とも核兵器を保有するにいたり，緊張は今も続く。街中で街路樹の木陰ごとに機関銃を携えた兵士が立ち，空港では搭乗までに4回の荷物検査を経る厳重な警戒体制が日常となっている。

図❷　カシミール地方の不確定国境

✚ムスリムの暮らす水の都

　厳重な警備に守られ，人々の生活は穏やかである。町には1日5回，礼拝のコーラ

ンが響き渡り，モスクは敬虔な信者でにぎわう（写真❹）。ムガル帝国造営のニシャット庭園で憩うムスリムはいう。「パキスタンよりインドに属していたい。パキスタンは過激派が怖いから」。デリー

写真❸　ハウスボート（スリナガル，ダル湖，2014年）かつてイギリス人入植者の別荘として使われ，現在は住居や宿泊施設として利用される。

でヒンドゥー教徒から聞いた「ムスリムはみんな過激で怖い」との言葉から，異文化理解はインドでも途上であることがわかる。

　スリナガルでは，9割を占めるムスリムのほかにヒンドゥー教徒，仏教徒も共存し，人々は多様性の中でうまく共生している。これは，平地と山地との会合点として，また水運と陸上交通の結節点として，昔から人の集まる豊かな土地であったことも大きい。ゴンドワナとローラシアの衝突でできた盆地の湖底でつくられた広大な平坦地が用意されていたことも，都市として発展する重要な自然的要素となった。

写真❹　シャー・ハムダン・マスジド
（スリナガル，2014年）14世紀に建てられたシーア派のモスク。モスクにしては珍しく木造なのは，木材資源が豊富な地域性を反映する。地域の社交場としての役割もあり，地元のムスリムで一日中にぎわう。

　その豊かな土地のために，過去に多くの支配を受けた。それが現在のイスラームとヒンドゥーの出会う地，紛争と平穏の隣り合う状況をつくった。プレートの衝突が国家の衝突をもたらしたといえよう。水の都が再び避暑地の栄華を取り戻すよう，国家間の断層の沈静化を願う。

A　山の中に水の都があるのは，イスラーム世界縁辺の要地で，盆地底にできた平坦地が皇族の避暑地として発展したから。

エヴェレスト登山はなぜ春がいい!?
ヒマラヤの気候と地形

Q 標高8848mのエヴェレスト山（写真❶），いわずと知れた世界最高峰である。その頂に達するエキスパートは，今や年間500人にものぼる。公募隊の増加や装備の近代化により，エヴェレスト登山は大衆化したともいわれる。しかし，厳しい自然が待ちかまえていることに今も昔も変わりはない。その困難にあえて挑戦する登山隊が最も多く集まる季節が，春である。なぜエヴェレスト登山には春が選ばれるのだろうか。

＋ヒマラヤ山脈の生い立ち

　ヒマラヤは成長している。現在でもプレート同士が年5.5cmの速度で衝突し，山脈は年1cmの速度で隆起している。このようなヒマラヤ山脈誕生の地史をひもとくことが，登山に春が選ばれる理由を考えるうえで関係してくる。約2億年前に存在した超大陸パンゲアは，中生代を通して各大陸に分裂していく。4000万年前ごろになると，インド亜大陸がユーラシア大陸に衝突を始める。この衝突により両大陸間にあったテチス海が徐々に押し上げられ，チベット高原やヒマラヤ山脈が誕生した。

　ヒマラヤ山脈がもとは海底であったことは，エヴェレスト山周辺でも確認できる。エヴェレストの標高8000m付近や，その南方3kmのローツェ山の山稜付近には，イエローバンドとよばれる褐色の帯が見られる。これは石灰岩からなり，この地層が海底で堆積したことを示す。地層が激しく褶曲するようすは，この地域での衝突圧力の大きさを物語る。

　ヒマラヤ山脈が海底であった証拠は，ヒマラヤを源流とする河川でも見つ

写真❶　エヴェレスト山(1996年)イエローバンドとよばれる石灰岩層が山頂直下にある。そこがかつて海底であった証拠となる。

けられる。中生代に海中で繁栄したアンモナイトが，カリガンダキ川の上流部などで数多く発見される。アンモナイトは町の市場や露店で売られ，地元民の大切な収入源となっている。

╋東アジアの地体構造を変えたプレート衝突

　インド゠オーストラリアプレートとユーラシアプレート同士の衝突は，ヒマラヤ山脈を8000m級の山脈に成長させただけではなく，東アジア大陸全体の地体構造にも影響を与えた。図❶は固い長方形のブロックをインド亜大陸とみなし，これをより流動しやすいブロックに衝突させたときにどう変形するかを実験したものである。流動しやすいブロックはアジア大陸を示す。この実験により，黄河に沿う断層(a)，中国南部雲南省〜トンキン湾に延びる大規模断層(b)，インドシナ半島(c)がほぼ正確に再現された。東アジアの大地形は，インド亜大陸の衝突により形づくられたのである。

╋東アジアの気候を変えたプレート衝突

　プレートの衝突は気候をも変えた。東南アジアから東アジア地域の季節風(モンスーン)をより顕著としたのである。ヒマラヤ山脈北側のチベット高原からモンゴル高原にかけては，標高が高くなったことで冬に極度の低温となる。その結果，高気圧が強く発達し，冷たい風を大陸から周囲に吹き出す。

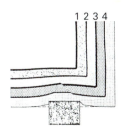
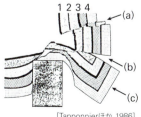

[Tapponnierほか, 1986]

図❶
インド亜大陸衝突のモデル実験
ブロックのギャップとなっている(a)や(b)の部分は横ずれ断層を表す。中国で見られる横ずれ断層やインドシナ半島がみごとに再現されている。ただし華北平原など，沖積作用でできた地形は反映していない。

写真❷　登山隊の荷物を運ぶヤク(1996年)
ヤクはヒマラヤやチベットの冷涼な気候に適応する。物資運搬のほか、毛を織物として、糞を燃料として、また乳と肉を食料として利用する。登山隊やトレッカーの荷物運搬にも活躍する。

写真❸　河岸段丘上のパンボチェ集落(1996年)
河岸段丘面はヒマラヤ山中では集落立地の貴重な適地となる。対岸からはたびたび異常出水するミンボ川が、氷期に形成されたモレーンを侵食しながら流下する。

写真❹　チョラ湖(1996年)
チョラ湖は、写真右上から流下するチョラ氷河に堰き止められている。チョラ氷河が後退するとチョラ湖が決壊する可能性がある。湖面がエメラルドグリーンなのは、氷河から供給される細粒土砂を多く含むため。

日本列島の日本海側に大量の降雪がもたらされるのも、この影響による。また夏には、ベンガル湾から入り込んでくる湿った海風がヒマラヤ山脈でさえぎられ、その前面にあたる南側斜面に多量の降水がもたらされる。インド北東部チェラプンジは、年降水量の世界最多記録26467mm（1860〜61年）をもち、月別降水量でも最多記録9300mm（1861年7月）となっている。それに対し、山脈の背後にあたる北側では極度に乾燥する気候となる。チェラプンジから山脈をこえ北に500kmのチベット自治区ラサでは、年降水量409mm、月平均降水量は最も多い8月でも114mmしかない。そのためチベット高原は河川沿いを除きほぼ無植生で、チベット高原の北方には広大なタクラマカン砂漠やゴビ砂漠が広がる。これらの砂漠の砂は雪が消えた後の春先に黄砂として日本まで飛来する。

ヒマラヤ山脈の誕生により顕著となったモンスーンのため、激しい雨季がヒマラヤを襲うこととなった。5月末から6月に始まる雨季には、平野部では毎日午後にスコールが発生する程度だが、ヒマラヤの高峰では猛吹雪が続き、登山には向かない。登山隊は5月も下旬になると「モンスーンが来る前に山を離れなくては」と焦り始める。

冬季は論外として、ならば雨季が終わった後の秋、ポストモンスーンではどうか。標高5500m以下でのトレッキングには最適の季節だ。プレモンスーンの時期には道をふさいでいた残雪も

消え,多くのトレッカーを迎える。しかし本格的登山となると,昼の短さがネックとなる。つまり天気・気温・日の長さなどの自然条件が登山に最適となる季節が,春なのである。

✚ヒマラヤトレッキングでの発見

エヴェレスト登山には高度な技術が必要だが,トレッキングならヒマラヤの自然に気軽に触れられる。ヤクの移牧で生計を立てる村人の暮らしは一見のどかに見えるが(写真❷),実は災害と隣り合わせである。狭い段丘上の集落(写真❸)は,地震による斜面崩壊や雪崩で壊滅することがある。また上流の氷河湖が決壊し,人家が洪水に流される氷河湖決壊洪水とよばれる被害もある。氷河湖にはさまざまな成因があるが,被害をおこす氷河湖は氷河に堰き止められた湖(写真❹)や,モレーンに堰き止められた湖(写真❺),氷河の表面にできた湖(写真❻)などで,いずれも氷河の縮小に伴い1970年代から急速に拡大している。ネパールヒマラヤ全体では,過去に24回の氷河湖決壊洪水がおこったことがわかっており,最近でも1998年に犠牲者を出しているほか,2003年,2004年にも発生した。温室効果ガス排出にかかわらない暮らしを営む人たちがまず温暖化の被害者となる現実から,先進国に暮らす私たちが考えるべきことは多い。

写真❺ イムジャ氷河湖(1996年)
長さ2km,幅700mある。決壊を防ぐため排水路の掘削などが試みられているが,標高5000mと高所のためヘリコプターでの物資輸送が困難な問題がある。最も危険な氷河湖の一つとして,100km下流までの洪水被害もシミュレーションされている。

写真❻ ゴジュンバ氷河(1996年)
氷河は岩屑に覆われている。これは侵食量の多い地域にある氷河の下流部にふつう見られる。氷河の両側には運搬土砂が堆積してできた高まりであるラテラルモレーン(側堆石)が発達している。手前の青い湖はラテラルモレーンによって堰き止められてできた。氷河表面を覆う堆石(アブレーションモレーン)の上には複数の池があり,この氷河表面湖は温暖化の進展により増加・拡大している。氷河表面湖が決壊し,水が側方に流出すると,写真中下に見られるような扇状地状の地形ができる。

エヴェレスト登山に春が適しているのは,モンスーンシーズンを避けられ,好天と日の長さに恵まれた時期だから。

石油はなぜ砂漠に眠る!? アラブ首長国連邦の石油資源

Q 中東の宝石とも例えられるアラブ首長国連邦(UAE)・ドバイ。砂漠の中に忽然とあらわれる巨大都市は，西アジア地域のハブとしてゆるぎない地位を占める。この繁栄の源泉は石油である。北海道ほどの大きさのアラブ首長国連邦一国に，世界全体の確認埋蔵量の5.4％という莫大な量の石油が眠る(写真❶)。この量は，石油産出量で世界3位のアメリカの埋蔵量の2倍以上に相当する。石油はなぜ，この砂漠の国に多く埋蔵するのか。

＋石油の生成条件

　アラブ首長国連邦を含む西アジア全体では，石油の確認埋蔵量は世界の約45％に達する(2014年)。これほど西アジア地域に偏在する理由を考えるために，まず石油の生成条件をみてみよう。石油ができる条件は，①原料，②生成環境，③貯留場所のすべてが適していることである。

　まず原料について。石油は石炭や天然ガスと同様，植物プランクトンや藻類などの生物の遺骸がもととなってできる。この生体有機物が大量に堆積するのは，沈降しつつある暖かい海が最も適している。なぜなら，暖かい海には植物プランクトンやサンゴなどの生物が豊富にあり，また沈降しつつある海にはこれらの有機物を含んだ堆積物の地層が厚く形成されるからである。

　この生体有機物は海底に堆積後，バクテリアによる分解作用を受けて腐植物質へと変化する。この腐植物質を含んだ堆積物が地下2000ｍまで沈降すると，地下の熱と圧力にさらされ，化学変化がおこる。その結果，ケロジェンという高分子化合物が生成する。ケロジェンがさらに沈降し地下

写真❶　海上石油積出施設（アラブ首長国連邦フジャイラ首長国，2008年）UAE一国で，日本の石油輸入の24％，液化石油ガス輸入の23％を担ける（2014年）。

3000mに達すると，100℃をこえる熱で分解され，石油が誕生する。このとき，土壌に隙間の多い地質の方が石油をたくさんつくることができる。なぜなら，その空隙にケロジェンをより多く保持しながら地下深くまで潜っていくことができるからである。したがって，空隙の多い岩石が，石油の生成環境として適している。さらに，腐植物質を含んだ堆積層が地下深部まで達する必要があるので，沈降する地殻変動がおこる地域であることも重要だ。

　生成した石油は，周囲の物質よりも比重が軽いため，岩石の空隙の間を浅い方へ移動する。この移動してきた石油が，ある特定の部分に凝集して初めて石油鉱床になる。したがって石油の貯留場所として，適切な地質構造が必要となる。この地質構造の代表が背斜である。石油を通す多孔質層と石油を通さない緻密質層が互い違いにあり，これが背斜構造となっている場合，多孔質層の中を上昇した石油が緻密質層に行く手をさえぎられて背斜の上部に貯留する（図❶）。

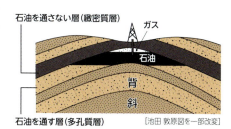

図❶　石油のたまった地質構造

[池田 敦原図を一部改変]

✚ 大陸移動がつくり出した油田地帯

　西アジア地域にこれら①～③の条件が整っているのか。一つずつ検討していく。

　まず①原料に関して，暖かい海は存在したか。古生代末期，超大陸パンゲ

10 ｜ 石油はなぜ砂漠に眠る⁉

写真❷
ドバイの高層ビル群
（2008年）直径10kmにおよぶ巨大人工島パーム・アイランドや，高さ800mをこえる超高層ビルのブルジュ・ハリファなど，世界最大級の建造物が次々に誕生している。

アが完成した。パンゲアにはテチス海という巨大な入り江があった。テチス海はちょうど赤道付近に位置していたため，その浅い海には多くの生物が生息した。魚類が両生類や爬虫類に進化しながら陸に上がったのも，この暖かい入り江のおかげといわれる。

　中生代に入るとパンゲアの分裂が始まる。これは，テチス海での活発な地殻変動を伴った。部分的な海底の沈降により厚い堆積層が形成され，その結果，テチス海の地下には石油の原料が蓄積していった。このテチス海こそ，現在のペルシャ湾岸に相当する。

　次に②生成環境に関して，空隙の多い岩石は存在したか。多孔質層の代表は，石灰岩と砂岩である。石灰岩はおもにサンゴ礁を起源とするため，テチス海の広がったこの地域に大規模に発達した。また砂岩も，テチス海が沈降する海だったことから，河川からの土砂供給が継続し，厚く発達した。

　最後に③貯留場所に関して，石油を貯留するのに適した多孔質層と緻密質層の互層，および背斜構造は形成されたか。まず互層に関して，この地域には多孔質層として石灰岩，緻密質層として硬石膏が互層をなしている。硬石膏はサンゴ礁が発達するような浅い海に形成されやすいので，サンゴからできる石灰岩と相性がいい。また背斜構造に関して，この地域には背斜が点在する。背斜は地殻の変動によって現れる。ここが地殻変動の激しい地域に接していることは，ドバイから東へ50km足らずに標高1000mをこえるハジャール山脈（写真❸）があることからも推測できる。確かに地殻変動が激しいと背斜をつくる褶曲構造も形成されやすいが，褶曲構造は変動帯以外にもあり，

むしろ地球上どこにでも局所的に形成されている。西アジアでは平坦な砂漠が広がるので，背斜が発見されやすかったと考えればよい。

以上のように，西アジアには①原料となる生体有機物の存在，②生成環境に適した空隙の多い岩石，そして③貯留場所として絶好の地質構造の3条件がそろった。そのため，世界有数の石油埋蔵地帯となったのである。

写真❸　ムサンダム半島のハジャール山脈
（アラブ首長国連邦北部，2008年）　ハジャールとは，アラビア語で「岩」の意味。標高1000mを超える岩の山脈がペルシャ湾に突き出し，狭いホルムズ海峡をつくる。ホルムズ海峡は石油タンカーの重要路で軍事的緊張もたびたび高まる。

➕資源としての石油

石油は，前述の①～③の条件さえ満たせば，どこにでも生成する。ただ，それを人間が利用できる資源という観点から考えると，特に西アジアが油田開発のメッカとなった理由がみえてくる。

アラブ首長国連邦は面積8.4万km²で日本の5分の1ほどしかない。その国土に130億tの石油が眠っている。これは東京ドーム1万5000個分の体積に相当する。この恵まれた埋蔵量に加え，砂漠地帯のため開発が容易だったことや，大消費地である日本などへの海上輸送に都合のいい立地だったことなどの好条件が重なり，石油の一大産出地に発展したのである（写真❷）。

1960年代までの1バレル1ドル，つまり1リットル1円以下という時代は過ぎ，長期的には石油価格は上昇していくのに間違いはない。資源の枯渇，資源獲得をめぐる争いなど，解決すべき課題は多い。砂漠の油井が発展の源泉となり続けるか，人類は試されている。

 石油がUAEの砂漠に眠るのは，そこに原料となる植物遺骸が集まる環境があり，それを探査しやすい平坦地だったから。

11 巨大土石流はなぜおこる!?
カムチャツカの自然

Q シベリアの最果てにあるカムチャツカ半島。ロシア本土からつながる道路もなく，居住者のいない地域（アネクメーネ）が広がる。そのため，原生の自然が残る（写真❶）。このカムチャツカで，土石流が頻繁に発生する。土石流は山麓を駆け下り，海岸まで達する規模だ。一般に土石流は，大量の雨などがきっかけとなっておこる。ところがここカムチャツカでは，降水が極端に多いわけでもない。カムチャツカで大規模な土石流がおこるのはなぜだろうか。

写真❶
カムチャツカの山並み（2009年）
人口密度は1人/km²未満ときわめて低く，手つかずの自然が広がる。山岳氷河は414を数え，高度1万mから見たカムチャツカには，無樹木の山並みが延々と続く。

＋世界遺産カムチャツカ

　カムチャツカ半島の火山群は，世界自然遺産に登録されている。世界自然遺産の登録条件には，①自然美的価値，②自然地理学的価値，③生態学的価値，④生物多様性の保全的価値の四つの項目があり，これらのうち一つでも該当すれば登録が可能である。カムチャツカ火山群は，そのすべてを満たしている。日本にある四つの世界自然遺産ですべての項目を満たすものはないことからも，カムチャツカの原生自然が比類ないものとわかる。

　このカムチャツカ半島を管轄する行政区であるカムチャツカ地方は，面積47万km²，人口およそ32万である。その55％が州都ペトロパヴロフスクカムチャツキーに集中し，都市人口率は77％に達する(2010年)。

　ペトロパヴロフスクカムチャツキーは，300年近い歴史をもつ。1740年にロシアの探検家が到達し，それ以後，軍港として，また漁業や林業などの産業の中心都市として栄えた。特に1956年にカムチャツカ州がハバロフスク地方から分離されて以降，州都として街は急速に発展した。現在では，豊富な資源に恵まれた漁業と，おもに日本からのツアーによる観光業が，産業の中心となっている。

　恵まれた環境にささえられたこの街は，その自然の豊かさゆえ，自然の脅威とつねに隣り合わせの生活が運命づけられている。その脅威の一つが，巨大土石流である。この土石流は，いったいどのように発生するのか。

写真❷　アバチンスキー山の氷河(2011年)
標高2741mの山頂直下に氷河が広がり，近くには噴気口が多数ある。噴出した溶岩が氷河に触れると，氷河を融かし土石流を発生させる。

写真❸　アバチンスキー山の山頂火口(2011年)
玄武岩溶岩が山頂火口を埋め尽くす。右遠景の山は標高3456mのコリャークスキー山。コリャークスキー山は，2009年の噴火で山体が黒色に変化し，噴煙は遠く700kmまで達した。

11｜巨大土石流はなぜおこる!?

写真❹ 氷底噴火による卓状火山(2011年)
かつて存在した氷河の底で噴火がおこり、溶岩が氷河を溶かしながら広がり固まってできた。この噴火がおこった際にも土石流が発生したと考えられる。

✚土石流を発生させる火山噴火

　ペトロパヴロフスクカムチャツキーに飛行機で降り立つとき、街の周囲に端正な火山が林立しているのが見える。いずれも標高2000m以上の成層火山である。山腹からはつねに蒸気が上がり、それらが今も活動する生きた火山であることを示す。カムチャツカに300以上ある火山のうち、近年でも噴火を繰り返す活火山が30ある。この火山の噴火が土石流の原因だろうか。

　確かに、噴火は土石流のきっかけとなる。しかし、溶岩の噴出だけで土石流は発生しない。土石流が発生するためには、水が必要である。この水はどこからくるのか。

　ペトロパヴロフスクカムチャツキー近郊にある活火山の一つ、標高2751mのアバチンスキー山では、1929年に大規模な噴火がおこった。この噴火で土石流が発生した。この土石流は、海岸付近までおよそ30kmを流れ下った。このとき、噴火のおこった火口には氷河があった(写真❷)。この氷河に地下から出てきたマグマが触れた瞬間、氷河は一気に融かされた。その融けた水が、火山のもろい斜面を侵食しながら流下し、土石流となったのである。山頂火口は今、温泉まんじゅうのように湯気を上げる溶岩に埋め尽くされている(写真❸)。まだ表面が熱いため氷河におおわれてはいないが、いずれ溶岩が冷え、そこを氷河がおおったとき、土石流が再び発生する条件がそろうことになる(写真❹)。

✚自然の中の豊かな暮らし

　このように自然は人に時に厳しいが、恵みも与える。火山地帯であることを活かし、小規模地熱発電が行われている。また、温泉は街の人の手軽なレジャーだ。水泳プールのような浴槽に水着で入るので、家族連れで楽しめる(写真❺)。水着は温泉だけでなく、雪の上でも活躍する。春になると歩くスキーの大会が行われ、水着姿のスキーヤーが森のコースで日光浴を満喫する。

アジア

夏の太陽は実益上も貴重である。街の人は週末、普段の集合住宅を離れ、郊外の別荘「ダーチャ」で家庭菜園をする。公務員の給与でさえ満足にまかなえない生活水準のため、人は主食のじゃがいもをダーチャで自給するか、夏の間は観光客相手のガイドなどで兼業する。

豊かな自然は野生動物の楽園でもある。ヒグマは7000～9000頭が生息する。1万人に満たない先住民族コリャーク人の数に匹敵し、カムチャツカでは一大勢力をなす。このヒグマの生活を、サケがささえる。全太平洋のサケの4分の1がカムチャツカ近海で産み出され、産卵期には卵を抱腹したサケで川面は赤く染まる。その一部を捕り、人はカムチャツカに暮らす。そもそもカムチャツカという名称は、「サケの燻製」の形に由来する（写真❻）。

巨大土石流がおこっても、人に被害を与えることはまずない。むしろ土石流は、陸から海への養分供給となり豊かな海をもたらす。また土石流が堆積してできた平坦地は、人に住む場所を与える。最果てのカムチャツカでは、巨大土石流は人に恵みとなる、自然からの贈り物なのである。

写真❺　カムチャツカの温泉（2011年）
地元の人が水着で「入浴」する。写真のような街中の施設のほかにも至るところに温泉が湧き、都会的なレジャースポットに乏しい地域にあって、温泉は気軽なレジャーとして親しまれている。

写真❻
エリゾボ市の市場
（2011年）市場にはサケの燻製や野いちごなど、自然の産物が多く並ぶ。

巨大土石流がおこるのは、氷河に覆われた山での噴火は、氷河を一気に溶かし、斜面を流れ下るから。

11｜巨大土石流はなぜおこる⁉　　55

Europe & Africa

ヨーロッパ・アフリカ

12	イギリスの鉄道は本当に速い!?	イギリスの自然と産業
13	パリの都心はなぜ明るい!?	パリの地形と都市景観
14	ピレネーの山中になぜ人が集まる!?	アンドラ公国の産業
15	マッターホルンはなぜ天を突く!?	スイスアルプスの氷河地形
16	カウベルはなぜ雨をよぶ!?	スイスアルプスの移牧と気象
17	遺体はなぜ2000年も残った!?	イタリア・ポンペイの火山災害
18	鉄道はなぜ山脈をこえる!?	スカンディナヴィアの地下資源
19	ツンドラになぜ蚊が多い!?	北極圏の景観
20	湖は平原になぜひしめく!?	フィンランドの湖沼景観
21	ヒマワリはなぜ栽培される!?	ロシア・カフカスの自然
22	オアシス料理はなぜうまい!?	モロッコの食と自然
23	ヌーの大群はなぜ移動する!?	ケニア・サバナの植生
24	アフリカになぜ巨大な氷壁が!?	キリマンジャロ山にある氷河のなぞ

12) イギリスの鉄道は本当に速い!?
イギリスの自然と産業

Q イギリスの鉄道は速いという。ロンドン−エディンバラ間632 kmを最速4時間半で結ぶインターシティは，平均時速およそ140 km，最高時速は225 km。実際に乗ってみると，牧草地の車窓風景（写真❷）は確かに流れるようだが，新幹線ほどのスピードはない。フランスからユーロトンネルを抜けてくるユーロスターはどうか。イギリス国内区間では94 kmを最速50分で，時速100 kmを少しこえる程度である。たいして速くない。「イギリスの鉄道が速い」とはどういうことか。

写真❶ **インターシティ**（マンチェスター駅，2013年）ロンドン〜マンチェスター間300kmを，およそ2時間で結ぶ。マンチェスターは産業革命発祥の地とともに，鉄道発祥の地としても知られる。

写真❷　エディンバラ近郊の放牧地(2013年)　イギリスでは牧場・牧草地が国土面積の46%を占める。ランカシャーには石垣のある放牧地が多いが、これは混在する土地を囲ってまとまった牧場にする、いわゆる「囲い込み運動」の名残である。耕地を奪われた多くの農民は工場労働者として都市に吸収され、産業革命の進展を担った。

写真❸　ドックランズ・ライトレールウェイ（カナリーワーフ駅，2013年）　1987年に開通した軽鉄道で、シティとドックランズ間を結ぶ。カナリーワーフ（カナリア埠頭）はカナリア諸島との船舶貿易で栄え、その後衰退したが、ウォーターフロント再開発により、現在は世界有数の金融街を形成している。

ロンドンの鉄道

　速い鉄道を探し、まずロンドンへ。チューブとよばれるロンドンの地下鉄は1863年、世界で最初に開通した。現在では総延長400kmをこえ、東京やニューヨークをもしのぐ。トンネルに合わせたチューブ状の車体は小さめで、とてもスピードが出せる仕様ではない。

　次に、市中心部のシティからドックランズへ、ドックランズ・ライトレールウェイで向かう（**写真❸**）。この鉄道は東京のゆりかもめと同様、無人運転の軽鉄道で、オフィス街やショッピングモールをゆっくり巡る。ドックランズは19世紀、テムズ川河畔の一大埠頭（ドック）として発展したものの、その後の船舶の大型化・コンテナ化に対応できず、衰退した。1980年代になり、インナーシティ再開発法により職住近接型の副都心として再開発が進められ、今では金融を中心とするオフィスビル群が摩天楼の街をつくる。現在のにぎわいからは、このような衰勢の歴史があったことを想像しにくいが、街中に配されたクレーンなど一連のドックのモニュメントが、歴史を静かに物語る。

　ドックランズ・ライトレールウェイがテムズ川をくぐると、グリニッジ旧

写真❹　タインマウス石炭火力発電所(2013年)
近くで産出する石炭を利用し，1972年に操業を開始した。採炭量の減少のため，近年はバイオマスおよび風力による発電も手がけている。

天文台に着く。天文台としての役割は1960年，イギリス海峡に面したハーストモンソーへの移転で幕を閉じたが，グリニッジは1884年のワシントン会議において，ここを通る経線を世界標準時の基準となる経度0度にすると決定されたことで知られる。今は博物館となったグリニッジ旧天文台でこの0度線をまたげば，地球の東半球と西半球を股にかけることができる。

ペニン山脈を北へ

　ロンドンから高速鉄道のインターシティに乗って北へ向かう。スコットランドへ向かう鉄道はペニン山脈を挟んで東西2路線がある。一つはヨークシャーを通り，北海を望みながら北上する東海岸本線。もう一つはランカシャーを通り，湖水地方を望みながら北上する西海岸本線である。

　東海岸本線の車窓には，羊の放牧地が広がる。ペニン山脈をこえてくる偏西風がヨークシャーに乾燥した気候をもたらし，これが牧羊に適する。リーズを中心とした毛織物工業は，工場制手工業（マニュファクチュア）の先がけとなった。その牧草地を走っていると，のどかな風景とは不釣り合いな高圧電線がときおり見える。これは，ヨークシャー炭田の石炭を利用した火力発電所からつながる送電線である。炭田は1700年代半ばから開発され，これを用いた石炭火力発電所は現在でも稼働している（**写真❹**）。北海油田から海上パイプラインでミドルズブラへ陸揚げされる石油・天然ガスと合わせ，ヨークシャーはイギリスにおけるエネルギー供給源として今も重要な役割を果たしている。

　西海岸本線の通るランカシャーでも，炭鉱は早くから開発された。古生代の地層からなるペニン山脈は，無煙炭・瀝青炭の良質な石炭を産出する。これを利用して蒸気機関による紡績業が発展し，マンチェスターは産業革命発祥の地となった。炭田立地型の工業地域として発展したマンチェスターも，20世紀半ば以降は衰退し，現在は小売業やICT産業などによる都市の再生が進められている。

＋リヴァプール・アンド・マンチェスター鉄道

　18世紀半ば，蒸気機関による紡績が始まったことで，マンチェスターは大量の綿製品を製造できるようになった。その原料として使われたのがインドなどの植民地から送られてくる綿である。綿はリヴァプールに水揚げされ，そこからマンチェスターに運ばれた。大量の物資を運搬する手段として，運河が建設された。この運河により，綿だけでなく人の生活にも欠かせない小麦粉や石炭の搬入も容易となり，さらに製品の搬出にも威力を発揮した。運河建設の機運はイギリス各地に広がり，18世紀末にはイギリス全体で総延長約6400kmにも達した（写真❺）。全体的になだらかな国土に，運河は合っていたのである。

　ところがこの運河全盛時代は突然終わる。鉄道が導入されたのである。1830年，リヴァプールからマンチェスターへ，世界初の鉄道が開業した。これがリヴァプール・アンド・マンチェスター鉄道である。大工業都市マンチェスターとその外港リヴァプールは，これを機にいっそうの発展を遂げる。リヴァプールで建造されたタイタニック号などの大陸連絡船を通して，鉄道技術もアメリカ大陸へ伝えられ，これにより世界中で鉄道の建設が始まった。イギリスの鉄道は，世界各国での産業革命の勃興に大きな役割を果たしたのである。世界初の地下鉄や世界初の貨物旅客鉄道など，イギリスの鉄道の歴史は古い。イギリスの鉄道は本当に速いのか。スピードではなく，時代が「早い」のであった。

写真❺　マンチェスターに停泊するナローボート（2013年）
ナローボートは，元は運河での貨物輸送のためのものだったが，現在はレジャー用として市民に親しまれている。写真後方の高架橋はリヴァプール・アンド・マンチェスター鉄道の線路で，運河に代わる交通機関として発展したこの路線は，現在でも幹線として機能している。

 イギリスの鉄道は世界の先駆けとなった。イギリスの鉄道が速いのは，スピードではなく導入の時代が早いということ。

13) パリの都心はなぜ明るい!?
パリの地形と都市景観

Q パリの都心は明るい。東京の大手町やニューヨークのマンハッタンと比べて，建物の高さが低く空が広いためだろうか。確かにそれも一因だろう。しかし狭い路地に入っても独特の明るさがある(写真❶)。なぜこんなに明るいのか。

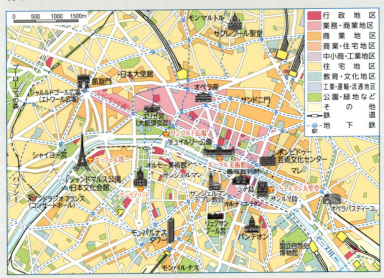

写真❶
パリのマレ地区
(フランス，2014年)
マレ地区は都心の3区に位置し，18世紀以前の建物が残る。歴史的景観を保全するため，1962年以降は建物を修復しながら活かす再開発が進んでいる。

写真❷
エッフェル塔とセーヌ川(2014年)
エッフェル塔は1889年のパリ万博に合わせて建設された。セーヌ川中州のシテ島，サンルイ島からエッフェル塔にかけての約6kmの河岸が世界遺産に登録されている。

╋パリをつくったセーヌ川

　パリはセーヌ川の賜である。都心を貫くセーヌ川の中州・シテ島に，紀元前3世紀ケルト系パリシイ人が住み着いたことからパリの歴史は始まる。カエサル率いるローマ軍，フランク王国，カペー朝などの支配を経て，パリはフランスの首都として発展してきた。現在，シテ島にあるノートルダム大聖堂をはじめ，パリのセーヌ河岸には美術館となっているルーブル宮，ナポレオンの墓があるアンヴァリッド，近代建築エッフェル塔など歴史的建造物が建ち並ぶ（**写真❷**）。いずれも世界文化遺産に登録されており，さらにこれらを含めた地域一帯が，「パリのセーヌ河岸」の名で世界文化遺産に登録されている。

　歴史の街パリの立役者セーヌ川は，パリ市内を蛇行する流路で，ゆったりと流れる。1年を通して降水量の変化の小さい西岸海洋性気候のもと，最大流量と最小流量の差である河況係数が小さいために河川交通に利用しやすく，内陸にありながら水運に恵まれた。後背地には広大なパリ盆地の平原が広がり，陸上交通と水上交通の結節点としての機能を備えていることも，街が発展する要因となった。ヨーロッパの歴史的な都市は敵からの防御の観点で内陸に立地することが多いが，パリでは都合のいいことに，パリ盆地をつくるケスタ地形の崖が天然の砦となり，外敵の侵攻から街を守るために重要な役割を果たした（**図❶**）。

　セーヌ川が蛇行するのは，パリ盆地がかつて水をたたえた湖底であったためである。盆地は直径400kmほどの広がりをもち，そのほぼ中心にあたるパリ付近で複数の河川が会合する。市街地を流れるセーヌ川の標高は，市内区間12.5kmでわずか3mしか低下しない。ごくゆるい流れのため中州や蛇行

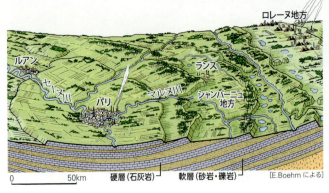

図❶
パリ盆地でのケスタ地形
硬層と軟層の互層がゆるやかに傾斜する地質構造の地域では，軟層部が速やかに侵食されるのに対し，硬層部が取り残されるため，平坦面と崖が繰り返す非対称の断面形が形成される。

が発達した。

　その盆地をつくるケスタ地形は，中生代白亜紀の石灰岩を硬層部とし，軟層部は新生代の砂岩や礫岩からなる。そもそも白亜紀の名称が，イギリス海峡を挟んだフランスのノルマンディー地方とイギリスの南岸地帯で顕著に見られる未固結の石灰岩「白亜」に由来することからも，石灰岩がこの地域を特徴づける岩石であることがわかる。

✚地形を活かしたパリの発展

　地中海沿岸地域に分布する石灰岩が風化した土壌はテラロッサとよばれる。テラロッサは「赤い土」を意味するラテン語に由来し，地表付近の石灰岩が溶解された結果，残された非溶解性の赤っぽい粘土質土壌をいう。テラロッサは，穀物栽培ができるほどの肥沃度がなく，夏に乾燥する地中海性気候とも相まって果樹栽培がさかんとなる。その代表であるぶどうからはワインがつくられ，世界のワインの3分の2が地中海地域で生産されるほどの一大産地を形成している。

　ぶどうはパリ周辺でも栽培されている。近郊の地方名を冠したシャンパーニュやブルゴーニュは日本でも馴染みのブランドだ。このような農産物や製品は，陸上交通路だけでなく水路網も活用し輸送された。ヨーロッパの平原を流れる多くの河川は，閘門と小さなダムを設けて水路化・運河化され，交通の便を高めてきた。フランス南部のトゥールーズから地中海沿岸までを結ぶミディ運河は総延長が360kmあり，大西洋と地中海の物流を結びつけたことで，17世紀末，急速な近代化の最中にあったフランスの産業発展に大きく寄与した（**写真❸**）。

　パリを流れるセーヌ川も，その支流が運河により他流域とつながり，ロレ

ーヌ川からリヨン湾へ，またライン川からライン工業地帯へ水上交通路が延びる。平原の広がるヨーロッパならではの利点である。この利点も活かし，パリは発展してきた。

✚都市計画による景観の変化

　パリの都市景観が劇的に変わったのは19世紀半ばである。それまでのパリは細く曲がりくねった道の両側に，不規則な高さの建物が建ち並び，中世の町並みそのものだった。セーヌ川の橋の上にも小住宅が並び，街中は昼間でも暗く衛生状態も悪かった。そこでナポレオン三世が再開発を指示し，建物の高さを7階に統一したり，様式を規制したりした。また要所に多くの広場をつくり，それらを結ぶ直線道路が都市の軸をなす，放射環状路型の都市構造を完成させた。その都市計画の理念は現在も引き継がれ，現代建築による高層ビルの建設が許されるのは旧囲郭の外側に限られる（写真❹）。

　写真❶を改めて見ると，建物の高さがほぼ統一されていることに気づく。また外壁の色は白い。これはパリ盆地の地下から石灰岩を切り出して建材としたためである。この白さがパリの街を明るく照らす。パリの都心が明るいのは，ナポレオンによる再開発で生まれた広い空に加え，ケスタ地形をつくる石灰岩の白さのためでもあった。

写真❸　ミディ運河（トゥールーズ近郊，2015年）
建設地には全体で約190mにおよぶ高低差があったが，103か所に閘門を設け，建設開始から16年後の1681年に完成した。

写真❹　ラ＝デファンス地区のグランダルシュ（Grande Arche），通称「新凱旋門」（2014年）
第2次世界大戦後のオフィス需要の増加に対応し，旧都心地区の外側に副都心が建設された。

　パリの都心が明るいのは，白い岩石でつくられた建物が多く，都心の歴史的景観を守るため高さも制限されているから。

ピレネーの山中になぜ人が集まる!?
アンドラ公国の産業

Q ピレネー山脈は，ヨーロッパの大陸部とイベリア半島とを分ける大山脈である。氷河を抱く険しい山並みは，アルプス山脈を彷彿させる。この山あいの一角に，ビルが建ち並び，1年を通して訪問客でにぎわう地がある（写真❶）。人はなぜピレネーの山中に集まるのか。

写真❶
パ・ド・ラ・カザの町並み
（アンドラ公国，2015年）1年を通して訪問客でにぎわう。スーパーにはタバコやアルコール類が大量に売られている。このほか，首都アンドララベリャには山岳風景の中に数多くのオフィスビルが建ち並ぶ。

ヨーロッパ・アフリカ

写真❷　ピレネー山脈(スペイン・アネト山より，2015年) カールなどの氷河地形が見られるほか，現在も氷河がある。写真左はフランス側で，ビスケー湾からガロンヌ河谷沿いに入る湿った気流で雲海ができている。

✚ 人が集まるところは？

　人が集まるこの地は，アンドラ公国である。アンドラ公国は，フランスとスペインに挟まれた小国で，人口はわずか8.1万しかない。面積は468km²で，佐渡島の半分程度である。1993年に国家として独立するまではスペイン辺境領の領主に起源をもつウルヘル司教とフランス大統領が共同で領主となる地域だった。その両者が現在も共同大公としての象徴元首を務めることから「公国」とよばれる。

　アンドラを含むピレネー山脈中央部には，3000m級の山が連なる。首都アンドララベリャから西に約73kmにあるアネト山(標高3404m)はピレネー山脈の最高峰であり，その山腹には現在も氷河がある(写真❷)。ピレネー山脈はアルプス＝ヒマラヤ造山帯の西の延長線上にあり，一帯では現在も激しい地殻変動がおこっている。

　一方でピレネー山脈の南北両側は古生代の地殻変動でできた古い地層からなり，地形は緩やかである。北のフランス側はボルドーからトゥールーズへつながるアキテーヌ盆地に標高を下げる。アキテーヌ盆地は中生代から新生

代第三紀に形成された石灰岩が7000mもの厚さで堆積していて，そこをガロンヌ川がピレネー山脈の北麓に扇状地をつくる支流群を集めて大西洋へ流れ下る。一方，南のスペイン側はメセタとよばれる高原で，おもに古生代石炭紀の造山運動でできた地塊が，その後の断層活動で東西方向に地塁と地溝(p.14)が配列する地質構造となっている。緩やかな起伏のメセタは地中海性気候下にあり，夏に乾燥するため植生は乏しい。

　これらの平原地帯を大西洋と地中海に分ける分水嶺の山岳地帯にアンドラがある。アンドラに人が集まる秘密は，この地形や気候にある。

✚ アンドラの地形や気候は？

　ピレネー山脈では，地中海性気候の影響を受けながらも，高地のために一定の降水に恵まれ，森林が覆う豊かな自然がみられる。この豊かな自然をめざして人が集まる。夏，亜熱帯高圧帯の下で乾燥する気候は，避暑やハイキングに適し，山岳の地形を活かしたマウンテンバイクやモータースポーツも盛んである。冬には亜寒帯低圧帯の下で降水があり，豊富な積雪をみる一帯は一大スキーリゾートとなる。延長6kmのゴンドラリフトが国土の東西を結び，スキーゲレンデの総延長は国全体で300kmにおよぶ。アンドラのこの豊かな自然環境をめざし，隣国をはじめとしたヨーロッパ各地から人が集まる。

　アルプス山脈のリゾート地でも，同じ理由で夏と冬に人でにぎわう。ところがアンドラでは，このようなリゾート観光とは別の目的で，1年を通して多くの人が集まる。これは，アンドラが小国であるゆえの国家戦略による。

✚ 人を集める国家戦略とは？

　アンドラは，パナマやケイマン諸島と同様，タックスヘイブンとして知られる。タックスヘイブンは租税回避地といわれ，課税率を相対的に低くした国・地域のことで，法人税や金融資産税が低いことをねらった企業を誘致する目的がある。アンドラの場合は，対企業の税制もさることながら，消費税が著しく低い。2005年までは無税，2016年現在でも4％と，スペインやフランスをはじめとした西ヨーロッパ諸国で嗜好品にかかる通常税率が20％前後であることと比較すると，かなり低い。

　人々はこれをねらい，日帰りでアンドラへ向かう。タバコやアルコール類は，隣国フランスやスペインでは20％以上の税率がかかる。アンドラの街

ヨーロッパ・アフリカ

写真❸　エアバス工場
（フランス・トゥールーズ, 2015年）トゥールーズに航空機産業が集積するのは, 低賃金労働力が豊富なほかにも, 穏和な気候, 広大な土地があることも要因である。

頭には, これらの嗜好品をまとめ買いする人が週末ごとに押し寄せる。

　ではアンドラの国家収入は何に頼るのか。そのヒントは, アンドラがEUに非加盟なことにある。EU非加盟なので, 関税をかけられる。つまり, EU諸国からの輸入関税が大きな収入源となる。大国に挟まれた小国のこのような戦略により, アンドラに人が集まるのである。

　アンドラへの買物客は, 近隣, 特にフランス南部からが多い。フランス南部は, アフリカ系移民が多いこともあり所得水準が低い。航空機メーカーのエアバスはこの豊富な低賃金労働者の存在に目をつけ, トゥールーズに組立工場を設けた（写真❸）。

　トゥールーズはもともとピレネー山脈を越える航空路の拠点であるほか, ミディ運河の水運も利用できた。ミディ運河は, 大西洋に注ぐガロンヌ川の源流から地中海を結ぶ延長240kmの運河で, 1681年の通水後, 1日に1600隻もの船が行き交った。トゥールーズのにぎわいの源は, ミディ運河が商船航路の役割を終えたいま, 水運から航空産業に引き継がれた。そのにぎわいを取り込むアンドラのしたたかな戦略が, 山中の街の風景から読み取れる。

> **A**　ピレネーの山中に人が集まるのは, アンドラ公国の戦略的なタックスヘイブン化により企業や買い物客を呼び込むから。

15 マッターホルンはなぜ天を突く!?
スイスアルプスの氷河地形

写真❶　マッターホルン(スイス・ヴァリス山群、標高4478m、2006年)　氷河の侵食でできたホルン(尖峰)といわれる。しかしここまで鋭くなったのは、氷河消失後の作用による影響が大きい。

Q 天を突きそびえ立つマッターホルン(写真❶)。どの方向から見上げても、人を寄せつけない厳しさがある。スイスの自然科学者ド・ソシュールは「ピラミッドの形をしたこの山を削り出すために、岩を打ち砕き、それを運び去るのに、どんなに巨大な力が必要とされたことか」と述べた。その描写は18世紀末の人々にマッターホルンへの興味を抱かせ、そこにはたらく未知なる力を想起させた。このピラミッドをつくった力は何か。

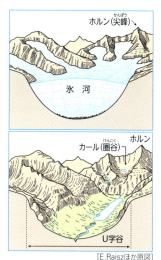

写真❷　アレッチ氷河（スイス・ベルナーオーバーランド山群，1996年）　全長約25kmにおよぶヨーロッパ最長の山岳氷河。氷河の中にいくつかの黒い筋が見える。これは側壁の侵食で生産された岩屑が氷河上にたまってできたメディアル・モレーンで，氷河が合流するごとに新たな筋が形成される。

図❶　山岳氷河とつくられた地形
[E.Raiszほか原図]

✚ホルンをつくる氷河作用

　スイスアルプスは氷河作用の博物館である。氷河作用は，氷期はもちろん，現在もアルプスの山々を削り続けている。その中でもひときわ天を突く威容で人に迫るのがマッターホルン。この山もまた，氷河作用の賜である（図❶）。

　積雪が夏になっても融けないと，雪はしだいに圧縮されていき氷となる。その氷が，自らの重さで斜面下方へ移動を始めると氷河となる。山腹にできた氷河は，移動するときに表面の岩を削り取り，またその回転運動によって稜線直下にお椀を半分に切ったような窪み，カール（圏谷）をつくる。カールでの侵食作用が続くと，その底はさらに掘り下げられ，また背面の岩壁は後退していく。その結果，背後の尾根はノコギリ歯状の急峻な尾根，アレートとなる。そのアレートどうしの交差する部分には，ホルン（尖峰）ができる。

　氷河は水流と同じように侵食・運搬・堆積作用をもたらす。侵食作用で削り取った岩屑を，その移動とともに下方へ運搬し，氷河の側面や末端に堆積させる。侵食作用でカール，アレート，U字谷などをつくり，堆積作用でモレーンとよばれる丘陵状の丘をつくる。アルプスの谷に発達する山岳氷河は，下流に向かって1日に最大で数mほど移動する（写真❷）。

　氷河の流動で岩盤が削られることは確かだが，氷と岩盤の硬さを比べれば，氷が岩盤を削れないことは明らかだろう。岩盤を削る力は，氷河の中に取り込まれた岩屑が，氷体の移動とともに岩盤の上をブルドーザーのように削り

写真❸
大小二つのU字谷の合流
(スイス・エンガディン地方シルヴァプラーナ，1996年)
手前の大きなU字谷と，そこに奥から合流する小さなU字谷の谷底に落差があるため，氷河消失後は奥の谷に水流による侵食がおこった。その結果，U字谷が下方侵食されてV字谷ができるとともに，その出口に土砂が堆積し，扇状地ができた。

取っていくことによる。その際，岩盤の表面には擦痕または条溝とよばれる溝が刻まれ，しだいにもろくなっていく。こうして岩盤上に弱点ができると，その部分に氷河の侵食力が集中するため，氷河地帯特有のさまざまな地形ができる。

➕氷河消失後におこった岩壁崩壊

マッターホルンは四方を急峻な壁で囲まれ，その天を突くホルンは典型的な氷河地形のように見える。その壁の基部には今も氷河をとどめ，確かに氷期には大きな氷食作用がはたらいたことは明らかだ。しかし，マッターホルンの山頂部が現在のような急峻な岩壁となったのは，むしろ氷河消失後におこった別の作用による。それが岩壁崩壊である。

2006年7月，スイス・ベルナーオーバーランド山群のアイガー(3970m)で大規模崩壊が発生した。これは，アイガー東壁の一部，約70万㎥の岩壁が瞬時に崩落したものである。この原因の一つに氷河消失との関連が指摘された。これは，山腹に張りつく氷河の荷重によって圧力を受けていた岩壁が，氷河が消失するとその外圧から解放され，その結果，岩壁内部からの内圧に抗しきれなくなり，はがれ落ちるというメカニズムである。これは除荷作用とよばれる。

同様のプロセスがマッターホルンでも発生した。山腹の氷河が消失したことにより除荷作用がおこり，岩壁がしだいにはがれ落ちた。その結果，急斜面が四方を囲むという現在の形になった。氷河の消失はホルンのほかにも扇状地をつくるなど，アルプスの地形変化に大きな影響を与えている(**写真❸**)。

＋地球温暖化が地形に与える影響

　岩壁崩壊にはもう一つ原因がある。永久凍土の消失である。2003年夏にはマッターホルンの岩壁の一部が崩壊し、クライマーのルートが破壊された。マッターホルン上部は永久凍土地帯のため、岩壁の割れ目を氷が満たす。この氷は岩どうしを接着し、斜面を安定させている。夏になると永久凍土の表面は薄く融けるが、この活動層とよばれる部分が年々厚くなっている。これが岩壁崩壊の誘因となった。つまり岩壁崩壊は、氷期が終わったあとのゆっくりした温暖化に伴う除荷作用とともに、人間活動に伴う急激な温暖化による永久凍土の消失によって促進されている。

　岩壁崩壊を促進する温暖化は、スイスアルプスの氷河そのものの急激な縮小ももたらしている。アルプス山脈最高峰のモンブラン（4810m）から北東へ流れ出すメールドゥグラス氷河（写真❹）では、1822年から現在までに氷河の末端がおよそ2km後退した。氷河の短期的な前進・後退の動きは年平均気温とよい対応を示すので、この氷河後退は近年の地球温暖化の影響とみてよい。

　地球の長期的、短期的な温暖化による氷河の縮小と、その結果として発生する岩壁崩壊により、マッターホルンは鋭さを増してきた。18世紀のド・ソシュールが想起した巨大な力とは、氷期の氷食作用や後氷期の除荷作用であり、いわば人智をこえた力だったが、その後の岩壁崩壊には、人間活動による地球温暖化の力が効いている。マッターホルンの天を突く姿は、これ以上の温暖化を食い止めてほしいと、天に声を届けようとする姿にも見えてくる。

写真❹　メールドゥグラス氷河（フランス・シャモニー、2006年）19世紀初めには、現在は鉄道がはしるシャモニーの谷まで流出していた。観光客が入れる洞窟が氷河に掘ってあるが、氷河はゆっくりと流動しているためその入口は毎年、付け替えられている。

　マッターホルンが天を突くのは、氷河の侵食とともに、温暖化に伴って発生しやすくなる岩盤崩落がおこっているから。

カウベルはなぜ雨をよぶ!?
スイスアルプスの移牧と気象

Q スイスアルプスは氷河と岩の山脈である。その氷河と岩に，より困難を求めるクライマーが取りつく(写真❶)。夏の午後，岩壁と格闘するクライマーの耳に，アルプで草をはむ牛の鳴らすカウベルの音が聞こえる。その途端，空はみるみる雲におおわれ，岩壁を雨が濡らす。標高4000m近い垂直壁での雨は致命的だ。それを知っているクライマーは，カウベルが聞こえる前にその日の行動を切り上げ，安全地帯に逃げ込む。カウベルはなぜ雨をよぶのか。

➕アルプスの景観

　アルプスが日本で熱い。アルプス山脈と聞いて多くの人は飛騨山脈や赤石山脈の日本アルプスを想像する。今や南アルプス市と市名もある。さらに日本各地には，鎌倉アルプス，須磨アルプスなど，標高は低くても地元で親しまれるご当地アルプスがある。甲子園のアルプススタンドはその高さ，応援団のシャツの白さがアルプスの山々を想像させる。これほど日本で浸透している海外の山脈名は，ほかにない。

　そもそもアルプスとは，ヨーロッパアルプスの斜面中腹の緩斜面に広がる草地をあらわすアルプに由来する。アルプ草地が多くある高い山地がアルプスとよばれるようになった。アルプは本来，森林限界より高いところにある自然の草地のことだが，現在は移牧の拡大で灌木帯も伐採され放牧地に組み込まれているため，本来の森林限界より下方まで広がる。

　移牧とは家畜を季節的に移動させる牧畜形態で，ヨーロッパアルプス地方

写真❶　**マッターホルン最上部**（スイス・ヴァリス山群，2007年）　マッターホルンをヘルンリ小屋（標高3260m）から一気に登る。午前の早いうちはまだ晴天である。

では特に牛や羊を，冬は谷間の村で舎飼いし，夏は高地に移動させる（図❶）。高地の緩斜面に雪が消え草が生えると，村人は家畜を谷間の村から高地へ追い上げる。谷間の畑や牧草地が私有であるのに対して，アルプは村落共同体や組合の共同所有のものが多いため，囲い柵もなく，牛や羊は自由気ままに移動する（写真❷）。よい草が茂るアルプは乳牛の放牧地となり，チーズをつくる高地の作業小屋は夏季労働者でにぎわう。

写真❷　**アルプの羊**（ツェルマット近郊，2006年）
羊は牛よりも粗食に耐えるため，水や草が少ない高所や岩礫地で放牧される。暑い日中は日陰をさがして休む。

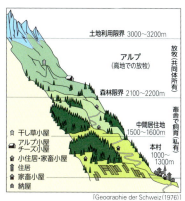

図❶　アルプス山脈での移牧

写真❸　キャトルテラス
(エンガディン地方，1996年) 牛は斜面を歩くとき，水平に，また前の牛に続いて歩く傾向がある。そのため斜面に多くの段々ができる。

✚アルプスのハイカー

　移牧を見るならアルプスが最適だ。移牧は世界各地で伝統的に行われており，おもにヤクを飼うヒマラヤやチベット，羊を飼う内陸アジアや北アフリカなどが知られる。それらの中でヨーロッパアルプスは，格段にアプローチしやすい。

　ヨーロッパアルプスの観光開発は日本よりはるかに進んでいる。登山鉄道の終着駅は標高3000mをこえ，ロープウェイは標高4000mまで人を運ぶ。そこは森林限界をこえたアルプ，あるいは氷河の世界だ。一見，環境改変が大規模に進み好ましくないとも思えるが，そうではない。マッターホルンなど高峰の峰々に囲まれた観光の村ツェルマットでは1960年代からガソリン車の通行が規制され，馬車と電気自動車のみしか往来できない。登山鉄道やロープウェイは，山奥までマイカーでアクセスする観光道路に比べて環境負荷は小さい。つまりスイスでは，観光開発の進展は，必ずしも大規模な環境改変を伴っていない。

　これらの登山鉄道やロープウェイを利用するハイキングがスイスでは盛んだ。氷河と，氷河に削られた大岩壁を間近に見るハイキングコースが縦横無尽に走る。集落はU字谷の底にあるため，その谷壁を登山鉄道などでいったん登りきれば，そこにはアルプの緩斜面が広がる。アルプには小規模な起伏があり，窪地にできた池は峰を映す鏡となる。この池は，かつてそこが氷河におおわれていたときの侵食作用，および氷河の後退過程で残されていったモレーンによる堰き止めでできた。湖畔の斜面は段々状になっていて，どこでも歩きやすい。これは牛が等高線に沿って移動するときに踏み固めてできたキャトルテラスだ (写真❸)。このキャトルテラスに導かれ，クライマーは氷河と岩の世界に入っていく。

＋アルプスのクライマー

　氷河は魔物だ。無数のクレバスが表面の薄い積雪層の下に隠れている。登山者はザイルで体を結び合い，1人が落下したとき，即座に体勢をつくって止める。一瞬でも遅れれば自分もクレバスに飲み込まれる（写真❹）。

　悲劇はおきた。1865年，マッターホルン初登頂を遂げたイギリス人のウィンパー一行7人は，その下山中に1人が滑落し，4人が巻き込まれて命を落とした。夏の午後，岩壁に雲がわくころのことである。

　夏の午後，アルプは日差しで温められる。温められると上昇気流が発生する。上昇気流は谷から山へ，岩壁に沿って風を生む。いわゆる谷風である。高いところほど気圧が低いため，上昇した空気塊は膨張する。空気塊が膨張すると温度低下により水蒸気が凝結し，雲となる。つまり，のどかなカウベルの音が上昇気流に乗ってクライマーの耳に届くとき，それは雲が発生するサインとなる。上昇気流は午後遅くにかけてさらに強まり，雲は雨をもたらすほど発達する。マッターホルンでは盛夏でも時に風雪となる。

　ベテランクライマーは知っている。あらゆる自然現象は地域の環境条件が関連しあっておこっていること。その自然の系統的な論理を知ることが，自らの命を守ることを。

写真❹　氷河上の登山（モンテローザ，2007年）氷河上流部にはヒドンクレバス（隠された氷の割れ目）が多く，ザイルで互いを確保して進む。午後になり遠くの山に雲が出た。

　「カウベルが雨をよぶ」とは，麓の牛の鳴らす音が上昇気流に乗って登山者の耳に届くことを意味し，雨の前兆となるから。

17) 遺体はなぜ2000年も残った!?
イタリア・ポンペイの火山災害

Q 2000年前の遺体といっても，消失しつつある永久凍土から発見されたマンモスの話題ではない。イタリア・ポンペイで暮らしていたローマ人の遺骸が，今からおよそ2000年前の地中から発見されたのである（写真❶）。この男性はある日，家族とともにあるものから逃げる途中で力つき倒れた。時をこえ発掘された彼の見せるその苦しそうな表情は，死の恐怖を静かに，しかし雄弁に物語る。何が彼を襲ったのか。なぜ彼は現代にその表情を伝えられるのか。

✚イタリアの火山

　火山のほとんどないヨーロッパの大陸部において，イタリアは例外である。大小20前後の火山が半島部，シチリア島，リパリ諸島に分布する。リパリ諸島には，周期的に噴出するマグマが夜間に海上の遠方からも見えることから，「地中海の灯台」と例えられるストロンボリ山や，「火山」を意味する"Volcano"が由来となったヴルカノ山などがある。

　このような活発に活動する火山がイタリアには多いので，火山災害もたびたび発生する。シチリア島のエトナ山（標高3330m）では，1669年の噴火で流出した溶岩が10の村を飲み込み，麓の町カターニアまで達して大災害となった。1983年の噴火時には，噴出した溶岩流の流路を，人工的につくった堤防や溝，さらに発破などの方法によって変えることに成功したことで話題となった。

写真❶　ポンペイで発掘された火砕流被害者の石膏像（2006年）苦しげな表情が緊迫した当時の状況を物語る。

写真❷　ポンペイから見たヴェズヴィオ山(2006年)　山と町との間には約10kmの距離がある。

✚ポンペイの悲劇

　エトナ山による被害をはるかにしのぐ大規模な災害が，イタリア南部・ポンペイ近郊にあるヴェズヴィオ山（写真❷）でおきた。西暦79年8月25日のことである。前日24日の午後に始まった噴火は，火口から10km離れたポンペイに間断なく軽石や火山灰を降らせた。翌25日の夜明けまでに，その厚さは2mに達していた。この間，2回の小規模な火砕流が発生した。火砕流とは，火山灰や軽石などの火山砕屑物と，水蒸気などの火山ガスとが混じった高温の物質が，地表を高速で流下する現象である。降り続く火山灰と遠くから聞こえる火砕流の轟音に身の危険を察知し，夜明けまでに町を脱出した人々は，その後におこった大惨事から逃れることができた。

　25日朝6時半，3回目におこった火砕流はとうとうポンペイ市街地の外縁まで到達した。そして7時半，破局は訪れた。4回目の火砕流が猛烈な勢いで町に達し，逃げようとする人々を襲った。食料を詰めたかばんを持ち先頭で誘導する召使い，後に続く母親は娘の手を引き，息子と腕をからませ，自身は口に布をあて必死に灰を防ぐ。夫は恐怖に震える妻をかたわらで支えながら，右手を大地に押しあて立ち上がろうと力を振り絞る。しかし，子どもがつけていた災厄除けお守りも，妻が頭を保護するためにかぶっていた絹のオーバーも，父が家族を救うために振り絞った最後の力も，火砕流の前には無力であった。追い打ちをかけるかのように数分後，5回目の火砕流が来襲，

写真❸　現在も発掘が進むポンペイ遺跡(2006年)　政府のもとに組織的な発掘が始まったのは、1800年代後半のことである。発掘により、巨大な競技場や、パン屋で使われていた窯など、貴重な発見が相次いでいる。

写真❹　観光客でにぎわうポンペイ遺跡(2006年)　発掘された街並みが2000年の時を経て地上に現れた。ローマからも日帰りで訪れることができ、観光客でにぎわう。ただし、写真で白人観光客が日陰で休んでいることからもわかるように、夏季の暑熱は激しい。これは亜熱帯高圧帯に覆われることに加え、アフリカのサハラ砂漠から地中海を越えて吹いてくる局地風シロッコにより湿度が高くなることも影響している。

そして8時には最大の火砕流が、木を一瞬で炭化させる熱で町をおおい、すべてを完全に埋めつくした。

＋生き残った人々

　この噴火で、当時のポンペイの人口2万人のうち1割弱が犠牲になった。その多くは、家や物に執着するあまり避難が遅れた富裕層だった。前日からポンペイの隣町スタビエで救難活動をしていた軍人のプリニーとその甥の小プリニーも、6回目の火砕流に襲われた。プリニーは細かい灰に巻かれ窒息死したが、小プリニーは生き延び、この噴火のようすを記録した。彼の名は、火山体の崩壊を伴う爆発的噴火様式をさす「プリニー式噴火」という用語の中に残ることとなった。

　ローマ人の生活をそのまま保存するポンペイのタイムカプセルが開けられたのは19世紀になってからである（写真❸, ❹）。2万人収容の円形闘技場、男女別に分かれた公衆浴場、歩道と馬車道が整備された道路網、パン屋の窯、選挙ポスターなど、数々の発見とともに人体が見つかった。犠牲になった人間の体が長い年月で腐植分解され、空間として火山灰層の中に取り残されていた。その空間に溶かした石膏を流し込み、固まってから掘り出す方法で、犠牲者の発掘が行われた。鋳型は、人間の形態や姿勢などを忠実にとどめていて、石膏像は苦悶の表情、着衣の皺、髪型までをも再現した。2000年を経て、犠牲者たちは生々しくその当時の状況を語り始めたのである。

＋さまざまな火山災害

　日本のポンペイといわれる場所がある。浅間山北麓にある群馬県嬬恋村鎌原地区では、1783年に発生した噴火による火砕流が時速360kmで集落をおおいつくし、およそ500人の住民が犠牲となった。150段あまりの石段の上にある観音堂に迫った流れは、上部の15段を残して止まった（写真❺）。あと少しで観音堂にたどり着けなかった女性2人の遺体が、埋没した石段の中から1979年に発掘されたのである。

写真❺　浅間山大噴火の火砕流に襲われた鎌原観音堂(群馬県嬬恋村、2006年) 石段の下方から折り重なった2遺体が発掘された。

　1985年、コロンビアのルイス山(5321m)でおこった火砕流は、氷河の氷を大量に溶かし、泥流を引きおこした。50km離れたアルメロは夜中に襲われたため、人口2万9000人のうち70％以上が犠牲となった。このように、噴火によって火砕流だけではなく火山泥流などの二次災害もおこりうる。

　一方で、火山は地熱発電や温泉として人間に恩恵も与えてくれる。イタリアで始まった地熱エネルギーの利用は、現在ではアメリカ・フィリピン・ニュージーランドなどでさかんとなった。日本では、現在17基の地熱発電所が稼働しているが(写真❻)、2011年現在その発電量は国内の総発電量のわずか0.3％を占めるにすぎない。火力発電に比べ発電時のCO_2排出量がはるかに少なく、また自然条件に左右されず一定の出力を得られる地熱発電は、火山と隣りあわせの災害列島でこその恩恵でもある。ポンペイで火砕流に倒れた人々の表情から、火山とうまく共生していってほしいという現代人へのメッセージを読み取ることができる。

写真❻　八丁原地熱発電所(大分県、2008年)
出力は112MW(2015年)で、これは地熱発電所として日本最大である。日本では地熱発電に有利な火山地帯の多くが国立公園に入っているため、開発が制限され、普及が進んでいない。八丁原も阿蘇くじゅう国立公園の特別地域だが、環境に配慮することを条件に、1977年に開設された。

> **A**　遺体が2000年も残ったのは、火砕流に埋まった人の鋳型として再現したから。石膏像は当時の緊迫した状況を今に伝える。

18 鉄道はなぜ山脈をこえる!?
スカンディナヴィアの地下資源

写真❶　アビスコを走る長大な貨車（1998年）スウェーデンとノルウェーの国境をこえ，日々多くの貨車が行き交う。極北のドル箱路線となっている。

Q 古生代の造山運動でできた古期造山帯にあるスカンディナヴィア山脈。アルプス山脈やヒマラヤ山脈のような標高はないが，氷河の影響を強く受け，山容は険しい。ところが，その険しい山や谷を縫うように鉄道がスカンディナヴィア山脈をこえる。しかもその鉄道は100年以上も前につくられ，今もなお昼夜を問わず電気機関車と貨車が往来する，いわばドル箱路線となっている(写真❶)。鉄道は，なぜ険しい山脈をあえてこえるのだろうか。

✚ 困難を極めた山脈ごえ工事

　山脈の峠から東側およそ40kmにあるアビスコ周辺では，多くの氷河地形を見ることができる。特にラピッシュゲートとよばれるU字谷（写真❷）は，先住民ラップ人（またはサーミ人）の住むラップランドとよばれるスカンディナヴィア半島北部地域の険しさを象徴する。

写真❷　ラピッシュゲート（1999年）
先住民ラップ人（サーミ人）の住むラップランドの境界付近にあることから，「ラップ人の門」とよばれる。かつてスカンディナヴィア半島をおおった氷河がつくった氷河地形である。

　スカンディナヴィア半島に発達した氷河は，3万年前には厚さ2～3kmあった。この氷河が消失後，ボスニア湾奥部では最大で年50～75mmという驚異的なスピードで土地が隆起した。この運動は，地表をおおっていた氷河が融けてその重さの分だけ荷重が減ることに伴い，地下にかかる圧力の平衡状態を回復しようと地殻の厚みが増すことでおこる。これをアイソスタティック運動という。現在でも年9mmのペースで隆起し続けており，この1万年間での総隆起量は520m，平衡状態になるまでには今後なお200mの隆起が見込まれている。

写真❸　U字谷（ケルケバッゲ谷，1998年）
写真右上の垂直な壁がU字谷の側壁をなす。氷河の消失後に，その垂壁から崩落した岩石などで谷底が埋められ，手前の平坦地ができた。垂壁からは落石が頻発し，基部に崖錐斜面をつくっている。6月20日午前0時20分と真夜中だが，白夜のため日が出ている。

　スカンディナヴィア山脈はこのような厚い氷におおわれていたため，地表での侵食力が大きく，山や谷が険しくなった（写真❸）。このような険しい山脈をこえる鉄道の建設には，大きな困難が伴った。ボスニア湾岸の町ルレオから北上し，北緯66度33分で北極圏に入り，峠をこえたのちノルウェー海（大西洋）沿岸のナルヴィクまでを結ぶ間，無数の湖や湿地がある。これらを避けるため，おもにU字谷の谷壁に沿うコースが選ばれた。しかしそこは谷壁からの雪崩と土砂崩れが多く，その被害も積み重なっていったため，多くのトンネルをつくらざるをえなかった。このような困難を経て，全線473kmが開通したのは1902年のことである。

写真❹　ソグネフィヨルド(1998年)
奥行き200km，最深部で海面下1300mあるヨーロッパ最大のフィヨルド。

現在，ノルウェーのナルヴィクへ鉄道で行くためには，スウェーデン側からスカンディナヴィア山脈をこえていくこの路線を選ぶしかない。つまり，ナルヴィクにはノルウェー国内からは鉄道がつながっていない。これは，海岸沿いに連なるフィヨルド（写真❹）が障壁となり，線路をつなぐことが難しいためである。今日ではフィヨルドを一跨ぎする長大な橋で，海岸沿いの町はつながっている。しかし，橋が造られる以前は水上交通に頼っていた。現在もフェリーがバスの代わりに利用され，水上でフェリーを乗り換えて移動する住民の姿が日常の光景となっている（写真❺）。

写真❺　海面上でのフェリー乗り換え(1998年)
フィヨルドの湾奥には小さな集落が点在し，これらを結ぶフェリー航路は現在も住民の大切な交通手段となっている。フェリーは海上でお互いに接舷し，乗客が乗り換えて目的地に向かう光景が見られる。

✚鉄鉱山の発展

このような険しい山岳地帯にあえて鉄道を通したのは，スウェーデン北部のキルナ，イェリヴァレ付近で産出する鉄鉱石を運搬するためである。この地域で鉄鉱山（写真❻）が発見されたのは1800年代後半。1888年にはボスニア湾岸のルレオへの鉄道が開通し，鉄鉱石の積み出しが始まった。産出される良質な磁鉄鉱の利用価値は高く，運搬量は急激に増えた。ところが積出港のルレオは，冬期間に凍結して使えなくなる。そこで，冬でも使える不凍港として注目されたのがナルヴィクであった。海岸から急激に深くなる良港のナルヴィク港は，35万t級の鉱石専用船を受け入れ可能で，現在では季節を問わず主要な積出港として機能している。

産出される鉄鉱石は，スウェーデン国内のほか，ドイツ，ベネルクス三国，中東地域などに運搬される。2014年で2570万tの全産出量の多くはドイツに輸出され，ルール工業地域の鉄鋼業を支えている。鉄鋼業が原料立地型から市場立地型に変化する中で，現在では中国やインドをはじめとするアジアへの輸出も増えている。鉄鉱石の採掘は昼夜を問わず行われるので，その運

ヨーロッパ・アフリカ

写真❻
キルナ近郊の鉄鉱山
（2004年） LKAB社が地下鉱からの採鉱，製鉄，積み出しを行っている。

搬も休むことがない。キルナ〜ナルヴィク間では，3両連結の電気機関車に牽引された長さ1000mに近い貨車が，1日に10本以上往復する。

✚ そのほかの資源

　スカンディナヴィアの険しい地形は，良港を提供するだけでなく，水力発電として電源開発にも有効となる。スウェーデンでは総発電量の約4割，ノルウェーでは96％を水力発電でまかなっている（2013年）。

　また冷涼な気候は夏に避暑目的の観光客をよぶ。スカンディナヴィア半島最北端のノール岬では，ドイツなどからのキャンピングカーが押し寄せ，短い夏のにぎわいをみせる。さらに冬にはオーロラ見物の観光客がキルナ，イェリヴァレを訪れる。

　ルレオからナルヴィクへの単線路は，わずかながら旅客にも使われる。各駅に停まるローカル列車は1日2本だけで，しかもこの区間で列車に乗るためには，駅に備えつけの看板を運転士に見せて停まってもらう。降りたいときはあらかじめ車掌に告げておかないと停まってくれない。スカンディナヴィア山脈をこえる鉄道は，旅客にとっては今も労の多い路線のままである。

 鉄道が山脈を越えるのは鉄鉱石の積み出しのためであり，冬季に凍結するルレオを避け，ナルヴィクに運搬するから。

19 ツンドラになぜ蚊が多い!?
北極圏の景観

Q ツンドラは寒冷のため高木が生育できず，矮小な低木やコケ類が地面をおおう地域で，緯度およそ60度より高緯度のシベリアやカナダ北部に広がる。見通しがきくためハイカーは雄大な景色を楽しめる。しかし夏，ここに思わぬ伏兵があらわれる。歩くハイカーの頭上に，黒い幟を立てているようにさえ見えるのは蚊柱だ。「モスキートシーズン」とよばれるこの季節，蚊の大群はツンドラになぜ大量発生するのだろうか。

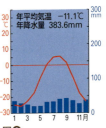

図❶ ディクソンの雨温図

写真❶
マーゲル島のトナカイ
（ノルウェー，2004年）
スカンディナヴィア半島最北端のこの島でもトナカイが放牧されている。

ツンドラの四季

　ツンドラ地域の夏は短い。シベリアのディクソンでは，月平均気温が0℃を上回るのは6〜9月の4か月間で（図❶），そのほかの月はほぼ積雪におおわれる。さらにツンドラの夏は突然にやってくる。スウェーデンのアビスコでは，5月の月平均気温は約2℃だが，6月には日最低気温が氷点下にならなくなり，6月下旬から7月上旬には日最高気温が25℃をこえる日が出てくる。このように気温が急上昇するのは，夜でも日が沈まない白夜となるためである。1日中，陽光があるため，夜間でも気温はあまり下がらない。その結果，雪融けが急速に進む。雪が消えた地面では，短い夏を逃すまいと多くの植物がいっせいに活動を開始する。地表では匍匐した矮小なヤナギ，カンバ，コケモモ，イソツツジ，スゲ，ガンコウランなどの植物が芽吹き始める。

　昼夜にわたり日射があるとはいえ，太陽高度は低く，日射のエネルギーは弱い。しかし植生は，より低緯度側に広がるタイガより多様性がある。豊富な植物種を求めて，多くの鳥獣類が夏季のツンドラで繁殖する。トナカイ（写真❶），ホッキョクオオカミ，ホッキョクギツネなどは冬にはタイガの中で過ごすが，夏になるとツンドラへ進出してくる。沿岸部にはホッキョクグマ，ホッキョクウサギも生息する。このように，夏のツンドラは生命の躍動する世界へと一変する。その仲間として，蚊の大群も躍動を始める。

永久凍土が育む蚊の理想郷

　蚊を含め多くの生命が一気に活動を始めるのがツンドラの夏であることがわかった。しかし，夏が短く，その訪れが急速な場所であればどこでも蚊が多いかというと，そうとは限らない。ではほかの要因は何だろうか。これを考えるために，ツンドラの特徴をさらに詳しくみてみよう。

　ツンドラ気候とは，ケッペンの気候区分によると最暖月の平均気温が0〜10℃と定義される。この環境では高木は生育できない。なぜ高木が生育できないのか。一つには寒さのため，もう一つには永久凍土のためである。

　永久凍土は，夏にその表面が融ける。夏の間だけ融解する部分を活動層というが，活動層の厚さが1m以下のところでは，植物の根が永久凍土に阻まれ十分に伸びられず，高木は生育できないのである。永久凍土が阻むのは植物の根だけではない。夏に雪や凍土が融けるが，その融解水が地下に浸透するのも阻止する。永久凍土面が水を通さない層として働くためである。その

写真❸　凍土の断面
(スウェーデン北部アビスコ付近，1999年) 地面のボーリングにより得た土壌コアの様子。何層かの氷の層(アイスレンズ)がみられる。これが不透水層の役割を果たし，地面の表層が常に湿った状態となる。

写真❷　シベリア・レナ川 (2004年) 河川は蛇行し広大な氾濫原を形成する。

ため，ツンドラ地域では降水量が極端に少ないにもかかわらず，地表はつねに湿っている。

　急激に上昇する気温，地表の豊富な水分，森から出てくる動物。これらがそろったツンドラは，蚊にとって理想的な繁殖地なのである。

＋シベリアの融雪洪水がつくる泥炭湿地

　ツンドラの土壌に水分を供給する源として融雪水と凍土融解水をあげたが，シベリアには重要なほかの要因がある。融雪洪水という現象である。

　シベリアを流れるオビ川・エニセイ川・レナ川などの大河川は，いずれも冬季に結氷する。これらの河川は低緯度側を上流として高緯度に向かって流れるので，5〜6月の融雪期になると上流から先に融解が始まる。すると，依然として結氷したままの下流部で，水は行き場を失って氾濫する。低温のため蒸発は遅く，さらに不透水層(写真❸)となる永久凍土があるため水はなかなか引かない。その結果，流域の一帯には広大な泥炭湿地帯が形成されることになる(写真❷)。このような湿地帯は開発が困難なため，人口密度はきわめて希薄となっている。

　この広大な泥炭湿地は，地球全体の環境にとっても大きな影響力をもっている。泥炭中には大量のメタンが含まれており，これが永久凍土の中に閉じこめられている。近年の永久凍土の急速な消失により，永久凍土中のメタン

が大気中に大量に放出されているのである。2014年以降は，シベリアの各地でクレーターのような穴が見つかるようになった。これらの穴は地中のメタンガス濃縮による爆発でできたものと考えられている。温室効果が二酸化炭素に比べて30倍以上もあるメタンガスが大気中に放出され続けていけば，地球環境に重大な影響をおよぼすことは想像にかたくない。

ツンドラ地帯の特異な景観

　ツンドラ地帯で歩き回ると，さまざまな特徴ある地形が目に入る。例えば緩斜面によく舌状の地面の高まりが見られる（写真❹）。これはソリフラクションロウブとよばれる地形で，先端部に50cm〜1m程度の比高をもつ。活動層が過度に水分豊富な状態となったときに，土砂が斜面下方へ流動して形成される。

　また構造土も多い。構造土とは地表に見られる円形や多角形をした凹凸模様のつながりで，粗粒の礫からなるくぼんだ部分が細粒の土粒子からなる出っ張った部分を取り囲む形態を示す（→p.201）。直径は1mから大きいものでは20mにもなる。活動層が凍結と融解を繰り返すことで土粒子がふるい分けされてできる。

　さらに大規模な地形にピンゴがある。これは湿地の中に盛り上がる円錐状の丘で，カナダ・マッケンジー川河口付近には高さ60mに達するものもある。内部に氷体があり，これに地下水が連続的に供給されて氷体が成長し，上方の堆積物をもち上げることでできる。そのほかにもツンドラには成因がいまだ不明な地形も多い。蚊の来襲さえいとわなければ，ツンドラでは多くの「なぜ」に出会える。

写真❹　ソリフラクションロウブ（スカンディナヴィア山脈北部，2004年）　舌状の高まりが，毎年春に斜面下方へ移動する。ここでは普通，年10cm程度前進するが，多い年は50cmもの前進がみられることもある。

 夏のツンドラに蚊が多いのは，気温が急上昇して動物が一斉に活動を始め，地表の水分も繁殖に有利な理想郷となるから。

20 湖は平原になぜひしめく!?
フィンランドの湖沼景観

写真❶ フィンランド北部・イナリ近郊の氷河湖（2004年）
フィンランドは国土のおよそ1割を湖沼，7割を森林が占める。

Q 森と湖の国といわれるフィンランド。34万km²の国土に，18万8000もの湖がひしめき合い，湖沼面積は国土のおよそ1割に達する（写真❶）。湖畔の森には別荘が点在し，薪を燃やして焚いたサウナで温まった体を湖で冷やす，人々のゆったりした営みがみられる。フィンランドの国土景観を特徴づけ，フィンランドの人に恵みをもたらす無数の湖沼は，なぜつくられたのか。

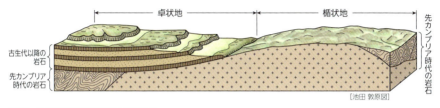

図❶　安定陸塊の卓状地と楯状地
どちらも先カンブリア時代に基礎が形成された古い地質構造だが，卓状地は古生代以降にできた岩石におおわれており，楯状地は先カンブリア時代の岩石が地表にあらわれている点が異なる（図❷参照）。

✚フィンランドの自然

　フィンランドの自然は容赦ない。無数の湖は交通の阻害要因となり，冬の寒さは人の移動を制限する。その厳しい自然環境のもと，フィンランドの自然は今なお原始の姿をとどめている。サンタクロースもムーミンも，フィンランドの深い森があってこそ生まれた。

　この深い森の中を，ヘルシンキから北極圏へ向かう夜行列車はひた走る。車窓の景観は何時間たっても変わらない。

写真❷　バルト楯状地の砂岩（スウェーデン・ダーラナ地方ムーラ近郊，1998年）厚さ800mに達する12億年前の砂岩は硬く，有用な石材として利用される。地層中にはさざ波の痕の漣痕が見られる。

時々思い出したように森の中の小さな駅に停車することで，人の生活があることをかろうじて知る。森林面積は陸地の74％であり，日本と似ている。しかし日本と大きく異なる点は，山がないことだ。

　フィンランドのほぼ全域を含むボスニア湾沿岸一帯は，地質学的に安定陸塊のバルト楯状地とよばれる。楯状地とは，地表に先カンブリア時代の岩石が広く露出している地域のことであり，全体的にみた地表の断面形態が楯を伏せたような形のところが多いのでこうよばれる（図❶）。バルト楯状地のスウェーデン・ダーラナ地方には，露出した砂岩の層理面に，漣痕とよばれるさざ波状の跡を見ることができる（写真❷）。緻密で硬い岩石として重用されるこの石材から，バルト楯状地の古さを実感できる。

✚スカンディナヴィア氷床がつくった氷食平野

　中生代から新生代古第三紀ころまで，この地域は熱帯にあった。熱帯気候の影響下で激しい風化・侵食が5億年以上にわたって続き，バルト楯状地の

年数(百万年間)					295		180		62.4	
現代からの年数(百万年前)		540		245		65	23	2.6		2.6
地質時代		先カンブリア時代		古生代		中生代	新生代			
							古第三紀	新第三紀	第四紀	
									更新世	完新世
造山運動	安定陸塊									
	古期造山帯									
	新期造山帯									

━━ 造山運動を受けた時代　　　　　　　　　　　　　　　　　[理科年表ほか]

図❷　地質年代表

　平坦な地形ができた。超大陸パンゲアの分裂（→右ページコラム）により現在の位置に移動してきたバルト楯状地には，それまでの長い地質時代からみれば一瞬といっていいほどのわずか2万年前から現在までの間に，無数の湖が誕生することとなった。そのきっかけになったのは，第四紀更新世の氷期到来である（図❷）。氷期に発達したスカンディナヴィア氷床が北欧から北ドイツ平原をおおい，フィンランドに多くの氷河湖をつくった。

　氷床がどのように湖をつくったのか。一つは，氷床をつくる氷河の侵食作用による。氷河の移動がブルドーザーのように地盤を削る。このとき，相対的に地盤の弱い部分がくぼむ。氷の消失後，そのくぼみに水がたまることで湖ができる。もう一つの湖沼形成要因は，氷河の堆積作用による。氷河には，その底面に融氷流とよばれる水流が見られることがある。融氷流は，多くの砂礫を運搬する。この砂礫が流路に沿って堆積することで，流路に沿う砂礫の高まりができる。このエスカーとよばれるうねうねと続く丘が，氷河の消失後に平原からの排水を阻害するように働き，湖ができる。エスカーは，湿地帯における重要な交通路として古くから人間に利用される。

　堆積作用でも窪地ができることがある。氷床が急速に後退していくとき，大きな氷塊が切り離されて取り残されることがある。このような氷塊が点在する平原に，氷床から流れ出てくる融氷流により砂礫が一面に厚く堆積する。このとき，氷塊はしだいに埋められていくことになる。その氷塊がその後に融けて消えると，そこに窪地ができるのである。

　スカンディナヴィア山脈などの山岳地帯にある湖沼は，谷氷河の侵食作用により形成される。それに対し氷食平野の湖沼は，氷床をつくる氷河の侵食作用とともに，堆積作用によっても形成される。フィンランドの豊かな湖沼景観は，氷期の風景を今に伝える，氷床からの置き手紙なのである。

 湖が平原にひしめくのは，氷期にスカンディナヴィア半島を覆った氷床による侵食・堆積作用で湖が多くつくられたから。

ヨーロッパ・アフリカ

写真❶ 1991年 雲仙普賢岳噴火による火砕流被害（島原市，1994年）

写真❷ 1995年 兵庫県南部地震による地盤沈下被害（神戸市，2007年）

写真❸ 2004年 新潟県中越地震による土砂崩れ被害（長岡市，2009年）

写真❹ 2011年 東北地方太平洋沖地震による津波被害（石巻市大川小学校跡，2014年）

プラスα　日本はなぜ災害列島!?

　日本は災害列島だ。噴火・地震・津波・土砂崩れなどが毎年発生し，多くの被害に見舞われる（写真❶〜❹）。なぜこんなにも災害が多いのか。一言でまとめられるほど単純ではないが，自然的側面と社会的側面からおおざっぱに考えてみよう。

　自然的側面では，日本列島周辺でプレート運動が活発という要因が大きい。2億2000万年前の中生代初期には，地球はパンゲアという一つの大陸だった。それが1億8000万年前にはローラシア大陸とゴンドワナ大陸に分裂し，さらに現在の各大陸へと分裂していった（図❶）。この大陸移動をもたらしたプレート運動は，プレート同士がある部分では広がり，またある部分ではせばまるように動く。その境界では地震や火山活動などの地学現象が活発となる。そのプレート境界が日本列島付近では複雑に入り乱れ，世界でもまれな四つのプレートがせめぎ合う地帯となっている。そのため激しい現象が頻繁におこる。

　このような地学現象がおこっても，人が住んでいなければ災害とはならない。日本は，狭い平野に1億3000万に近い人口をかかえ，その人口密度は世界的に大きい。日本より人口密度の大きい国は，狭小国家を除くとインド，バングラデシュ，韓国ほどしかなく，その中で日本は森林率が最大であることから，可住地における人口密度は世界屈指といえる。この大きな人口密度が，災害列島日本の社会的側面である。プレート境界でおこるさまざまな現象は，災害の一方，温泉，地熱発電，雄大な景観などの恵みももたらす。この日本の自然を理解し，うまくつきあってこそ，国を愛するということになるだろう。

二畳紀末期〜三畳紀初期(2億4000万年前)　ジュラ紀中期(1億8000万年前)　古第三紀(6000万年前)　現在

［理科年表2006ほか］

図❶　パンゲア大陸からの分裂の過程

21 ヒマワリはなぜ栽培される!?
ロシア・カフカスの自然

写真❶ ヒマワリ畑（ロシア・スタヴロポリ地方，2010年）この地方ではヒマワリの栽培に重要な目的がある。

Q ロシア南部のカフカス（英名：コーカサス）地方には，大規模な畑作地帯が広がる。栽培作物はとうもろこしや麦類が多いが，その中でひときわ目を引くのが，ヒマワリである（写真❶）。有名な観光地というわけではないから，観光客向けの園芸用ではなさそうだ。カフカス地方でヒマワリが栽培されているのはなぜだろうか。

＋カフカス地方の自然

写真❷　エリブルース山(標高5642m，2010年)
カフカス地方で最も高く，ヨーロッパ最高峰でもある。

　カフカス地方は紛争の地である。ロシア連邦からの独立を求めるチェチェン共和国や，ロシアへの併合を求めジョージアからの分離独立を求める南オセティアなど，現在でも紛争が絶えない。2015年4月に日本での呼称がグルジアから変更されたジョージアでは，南オセティアにおいて，独立派を支援するロシアと，ジョージア政府を支援するアメリカとの代理戦争の様相を示す。アメリカがジョージアを支援するのは，カスピ海沿岸で産出する石油を，ロシア領内を通過せずに，ジョージア経由で黒海へ輸送するパイプラインルートを確保するためである。

　紛争の地という印象は，2014年のソチ冬季オリンピックの成功により，やや薄らいだ。ソチはカフカス山脈が迫る黒海沿岸に位置し，白砂のビーチと氷河の山岳景観が織りなす風光明媚な保養都市である。ソチに迫るカフカス山脈の高所は標高5000mをこえ，その最高峰エリブルース山はヨーロッパ最高峰としても知られる(**写真❷**)。その稜線はつねに氷河でおおわれ，氷河の広がりはアルプス山脈をしのぐ。この大規模な氷河が，カフカス地方の農村生活に重要な役割を果たしている。氷河から流れてくる河川が，山麓の畑作地帯に安定した用水を供給するのである。河川は，下流で無数の用水路に分流し，広大な畑作地帯をうるおす(**図❶**)。

図❶　カバルダ＝バルカル共和国の農村の地図(首都ナリチク近郊)
中央を東西に流れる川から多くの用水路が分岐している。

**写真❸
森林・泥炭地火災で
発生したスモッグにお
おわれたモスクワ**(赤の
広場周辺，2010年)
スモッグの濃度は，環
境基準の5倍に達した。

この畑作地帯で，とうもろこしや麦類とともに，ヒマワリが栽培されている。穀物やヒマワリは，カフカス地方の主要な商品作物となっている。

✚肥沃なチェルノゼムを活かした農業

　カフカス地方で穀物栽培が盛んなのはなぜだろうか。ジョージアの首都トビリシでは，年降水量が496mmで，穀物栽培の乾燥限界に近い。しかし，その不利を補う重要な要素がある。肥沃な土壌，チェルノゼムの存在である。ロシア語で「黒色土」を意味するチェルノゼムは，おもにロシア南部に分布し，厚い腐植層に特徴がある。腐植層が厚いのは，降水が少なく，腐植が流出せずに集積するためである。腐植層の下には石灰分に富んだ層もあり，この腐植と石灰のおかげで土地は肥え，肥料のほとんど必要ない畑作が可能となっている。

　腐植の原料は，そこに生える草本などの植物遺体である。したがって草本の少ない乾燥した地域に移ると，腐植層は薄くなる。ここに生成する土壌は栗色土とよばれ，窒素分もより少なく，肥沃度は低下する。しかし，窒素分はマメ科の植物を育てることによって地中に補給することが可能なので，輪作や灌漑をすれば耕作は可能となる。また，草本ではなく森林が形成されるほど湿潤な地域に移ると，土壌は褐色森林土となる。褐色森林土は，表層に薄い腐植層，下層に酸化鉄の褐色層の構造をもった土壌で，肥沃ではあるがチェルノゼムほどの生産性はない。一方，草本や森林があっても，湿地や湖沼帯などの排水のよくない土地では植物遺体は分解されないため，泥炭が形成される。泥炭地は農業に不向きなだけでなく，火災をおこす厄介な土地に

もなりうる。泥炭は乾燥すると燃えるので，乾燥した泥炭地に何らかのきっかけで火がつくと，地中で燃え広がり，長期間にわたってくすぶり続けることになる。2010年8月には，ロシア西部で気温が異常に上昇し，この影響で山火事が多発した。この火が泥炭に燃え移り，大規模な泥炭地火災へと発展した。この煙によりモスクワは連日，濃いスモッグにおおわれた（写真❸）。

このようにカフカス地方に広がるチェルノゼムは，気温・降水・土地条件などの絶妙なバランスによって肥沃となった，世界でもまれな恵まれた土壌といえる。

╋混合農業での地力回復

肥沃なチェルノゼムを活かし，カフカス地方では混合農業が行われている。混合農業とは，食料作物と飼料作物を耕地で輪作し，家畜を放牧地で飼育する形態の農業である。カフカス地方の混合農業では，食料作物として麦類，飼料作物としてとうもろこしを栽培し，家畜として牛・豚・羊を飼育する（写真❹）。耕地を分けて輪作するのは，連作障害を防ぎ地力を回復させるためである。地力回復のために，一般にマメ科の作物が輪作のサイクルに入るが，カフカス地方では，乾燥・冷涼なこの地域の気候に適したヒマワリが使われる。ヒマワリは地中から栄養分のリンを吸い上げるため，刈り取られずにそのまま土に混ぜて耕すことで，地力回復が図れるのである。

ヒマワリは地力回復だけでなく，油糧作物としても利用される。その種子から植物油が採れ，ヒマワリ油はこの地域の重要な農産品となっている。日本では観賞用のイメージが強いヒマワリだが，カフカス地方では，農村の生活に大きな役割をもつ，まさに太陽の花なのである。

写真❹　散村の集落（カバルダ＝バルカル共和国ティルニアウス村，2010年）家畜として牛，豚，羊が飼育されている。

｜ヒマワリが栽培されるのは，地力を回復し連作障害を防ぐとともに植物油も採れ，乾燥・冷涼な気候に適しているから。

21｜ヒマワリはなぜ栽培される!?

22 オアシス料理はなぜうまい!?
モロッコの食と自然

Q モロッコの先住民族・ベルベル(アマジグ)人が生活する拠点であり,旅人が一息つく場所,それがオアシスである。国土の大半を乾燥帯が占め,波打つ砂丘が果てなく広がる景観は,ここが世界最大の砂漠サハラの一部であることを物語る(写真❶)。その中に点在するオアシスは,水が湧きナツメやしが茂り,旅人にとって昔も今も変わらぬ癒しの地だ。人はいっとき身を休め,腹ごしらえをする。そこで供される料理は,格別である。アルガンオイルの香ばしさがざっくり切られた野菜にからみ,クスクスにのせられた羊肉(マトン)とともに絶妙なコラボレーションをなす。モロッコのオアシス料理はなぜこれほどうまいのか。

写真❶　シェビエルグ(モロッコ・メルズーガ近郊,2014年)各砂丘の地下には残丘が隠され,そこに10㎞³という膨大な地下水が蓄えられている。

写真❷ オアシス
(エルラシディア近郊ズィズ峡谷，2014年) 外敵から守るため，ベルベル人はカスバとよばれる砦をオアシスに築いた。日干しレンガづくりのカスバは，住居であるとともに穀物倉庫としても利用された。

➕山と砂漠の国　モロッコ

　モロッコは山と砂漠の国である。アトラス山脈からサハラ砂漠へ，その自然は多様だ。アフリカ大陸は平均高度580 mの高原状をなし，その9割以上は安定陸塊である。古期造山帯と新期造山帯の地域が計3〜4％，東アフリカの大地溝帯周辺を中心に分布する新生代火山岩地域が約3％にすぎない。その中で，アフリカ大陸唯一の新期造山帯地域にあるアトラス山脈は，中生代白亜紀から新生代新第三紀という新しい時代に隆起し，ヨーロッパから続くアルプス＝ヒマラヤ造山帯の一部をなす。

　そのアトラス山脈は，気候の面でもアフリカ北西部に多様性をもたらす。モロッコからアルジェリア・チュニジアにかけてのマグレブ諸国では，アトラス山脈を境に北側で地中海性気候となる一方，南側ではステップ気候を経て砂漠気候へ遷移する。サハラ砂漠南縁のサヘルまで南北1600km幅の80％が年降水量20 mm未満という乾燥の大地が広がる。その大部分をハマダとよばれる岩石砂漠，レグとよばれる礫砂漠がおおい，エルグとよばれる砂砂漠はわずか12％である。それらの分布をみると，砂漠の外縁部にエルグが多い。これは岩盤の風化で生産された砂が風で外縁部に運ばれるためである。サハラ砂漠から大西洋へ向かう飛砂の量は年間2500万tに達し，これは砂漠西縁の海岸線1kmの範囲を1時間に通過する砂が660 t余りという膨大な量に相当する。

　この大量の飛砂が，エルグに巨大な砂丘をつくる。モロッコ南東部のメルズーガには東西10km，南北20kmの広さでエルグが広がり，最大の砂丘は比高250 mに達する。この砂丘はこの地にベルベル人が住み着いた何百年も前

写真❸　地下水路の井戸(メルズーガ，2014年)
この水路は砂丘の麓から村まで6kmにわたって延び，途中に村人が自由に使える井戸がある。モロッコでは地下水路をハッターラ(Khattara)とよぶ。

からその位置を変えず，メルズーガには，今も病気療養のために砂浴をする人の足が絶えない。

✚砂漠の民　ベルベル人

ベルベル人は砂漠の民である。かつて北アフリカ一帯を広く居住の場としていたベルベル系の諸民族は，ギリシャ，ローマ帝国をはじめとする地中海周辺地域の民族やアラブ人の侵攻によって，山岳地帯やサハラ砂漠の内陸部へ追いやられた。そのような地域でベルベル人たちが拠点としたのがオアシスである(写真❷)。メルズーガもオアシスの一つであり，砂丘の下に隠された残丘がその麓に豊かな水源を生む。その水源から集落まで地下水路が通され，村人の生活を支えている(写真❸)。

砂漠の民の生活を支える水は，生活用水としてだけでなく，農牧業用水としても使われる。ナツメやしは乾燥気候に適応したやしで，種は飼料，果実は食用，幹は木材やロープの原料，葉は屋根葺きや籠の原料として使われる。オアシスでは，乳製品や香辛料はラクダとともにあらわれる遊牧民から，野菜や魚介類は地中海沿岸から来る行商人から得ることができ，それらを売り買いするスーク(市場)は実にカラフルだ。北アフリカ最大といわれるマラケシのメディナ(旧市街)のスークでは，暑さがおさまる夜にこそ多くの屋台でにぎわう。

✚モロッコの秘宝　ベルベルの秘蔵

遊牧民に国境はない。マリのニジェール河畔からモロッコのマラケシまでサハラ砂漠を縦断するキャラバンは，木陰をつなぎ旅を続ける。そのキャラバン隊にとってモロッコの砂漠に生えるアルガンは，命の樹である(写真❹)。木陰を提供するだけでなく，葉が家畜の食料となり，木の実からは黄金色のオイルが採れる。砂漠の民はこれを食用や薬に利用してきた。肌に塗れば乾燥や紫外線対策にもなり，ベルベルの女性たちにとって必需品だ。アルガン

写真❹　アルガンの木が茂る山の交易路（トゥブカル山麓，2014年）
トゥブカル山はアトラス山脈の最高峰（4167m）である。道端にアルガンの木が茂り，荷物を運搬する駄獣も人もその木陰でよく休む。

の樹はアトラス山脈近辺にしか生育しないため，今やモロッコの秘宝として世界中から注目を集めている。砂漠緑化の植樹にも利用され，アルガンオイルの生産量は2004年に10tだったものが2012年には83tまで急増した。オイル生産の産業化により地域の雇用も生まれ，遊牧をやめ定着化した人たちの自立支援にも一役買っている。

　このアルガンオイルをふんだんに使ったタジン料理は，ベルベル人の生活の一部である（写真❺）。日干しレンガでつくった簡素な建物で，土鍋のタジンを用い，地元で採れる根菜やナツメやし，地中海からの野菜や果物に海の幸，さらにベルベル人秘蔵の羊肉や鶏肉を蒸し，食べる。これで癒されない人はいない。アフリカとヨーロッパの食の十字路にあるモロッコは，国そのものがオアシスのようだ。だからモロッコのオアシス料理は，うまい。

写真❺　タジン料理
（トゥブカル山麓，2014年）
タジン料理は水を使わず，野菜などから出る水分で調理するモロッコ独特の鍋料理。重い蓋が圧力鍋となり，少ない燃料で調理できる。

タジン鍋

> **A** オアシス料理がうまいのは，アフリカとヨーロッパの食の十字路にあたり，砂漠の旅人や遊牧民にとって命の源だから。

23) ヌーの大群はなぜ移動する!?
ケニア・サバナの植生

写真❶　ヌーの大群（ケニア・マサイマラ国立保護区，2008年）サバナの長草草原は雨季，ヌーやシマウマの体を隠すほどに高くなる。草食獣にとっては，ライオンやチーターなどの肉食獣から身を隠すのに好都合だ。

Q ヌーは体長2m，体重200kgをこえる大型の草食動物である（写真❶）。太い体とそれを支えるには頼りない細い脚で草原を歩く姿から，まさしくウシカモシカという和名がそのまま体をあらわす。そのヌーが毎年，100万頭もの群れをつくって，ケニアのマサイマラとタンザニアのセレンゲティとの間を行き来する。途中にある川の横断時には，激流に流されたりワニの餌食になったりして，1000頭以上が命を落とす。ヌーはなぜ，このような危険をおかしてまで歩き続けるのだろうか。

ヌーの生態

ヌーはアフリカ大陸のサバナ地帯に生息し、ケニア南部のマサイマラ国立保護区やタンザニア北部のセレンゲティ国立公園に生活する数多くの野生動物種の中で、頭数が最も多い。1月、10万頭のヌーがセレンゲティ南東部で誕生する。産まれてわずか5分のうちに自らの足で立ち上がり、すぐに親と同じ速さで歩けるようになる。しかしそのわずかな間に、肉食のハイエナやジャッカルに襲われ、命を落とす個体も少なくない。

5月、十分に育ったヌーの子は、親に連れられ北へ移動を始める。100万頭のヌーだけではなく、50万頭のガゼル、25万頭のシマウマも混ざり、北進する動物たちで草原は埋めつくされる。移動の列がケニア国境に近づくと、大群はそこを流れるマラ川に行く手を阻まれる。誕生直後の無防備な期間を無事に乗り切ったヌーの子たちにとって、次の関門となるのがこの川の横断だ。夕立ちにより川はたびたび増水する。激流と化した川で、親の後について渡渉を始めたヌーの子はおぼれ、流されてしまう。平水時にも危険はある。渡渉してくるヌーの子たちを、目だけを水面上に出し、身を水中に潜めたワニが狙っている。自分たちを狙う影があることを知った列の先頭のヌーたちは川岸でいったん足を止めるが、後から後から押し寄せる大群に押し出され、仕方なく水に入っていく。マサイマラで6〜11月を過ごしたヌーたちは、12月になると来た道を逆にたどってセレンゲティへ帰っていく。ヌーたちを引きつけるどんな魅力が彼の地にあるのだろうか。

サバナの雨季と乾季

動物が移動するのは、食料を求める動機が大きいことは容易に想像がつく。ヌーもその例に洩れない。食料である草本類を求めて移動しているのである。もし草本類が同じ場所に1年中繁茂していれば、草食動物は移動する必要がない。し

写真❷ アカシアの木とアミメキリン（マサイマラ国立保護区、2008年）乾季があるため森林が形成されず、草原に灌木や樹木が孤立する景観となる。食料の少ないこのサバナで、アミメキリンは長い首でアカシアの上部にある葉を食べる。

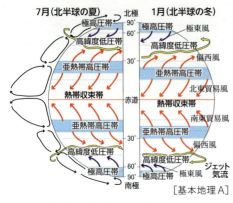

図❶ 大気大循環のしくみ

雨をもたらす熱帯収束帯は、季節ごとに南北に移動するため、雨季と乾季があらわれる地域ができる。

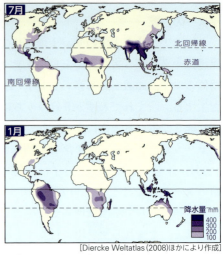

図❷ 7月と1月の多雨地域の分布

かしこの地域では、時期によって草本が繁茂したり枯れたりしてしまう。その時期がマサイマラとセレンゲティで異なるのである。

　草本の生長を決定しているのは降水である。ほぼ赤道直下にあるケニア・タンザニアのサバナでは、四季の概念はない。ただ雨季と乾季があるだけである。雨季に草は生育し、人の背丈をこえる。逆に乾季には草は枯れ、所々にアカシア（写真❷）やバオバブなどの樹木が孤立するだけの景観となる。これらの樹木も乾燥のため葉を落とす。

　マサイマラの雨季は10〜11月。それに対し、セレンゲティの雨季は4〜5月。これはちょうどヌーの滞在時期に符合する。つまり、セレンゲティで雨季が終わると、マサイマラへ向けて移動を始める。逆にマサイマラで雨季が終わると、セレンゲティへ戻っていく。ヌーは季節の変化を的確にとらえ行動しているのである。

　では、なぜ隣り合ったマサイマラとセレンゲティで雨季の時期が異なるのか。これには熱帯収束帯の動きがかかわっている。熱帯収束帯は、赤道を境に夏半球の側に季節移動する。それに伴い多雨地域も移動し、夏半球の側で雨季となる（図❶）。北半球が夏のとき、東アフリカ地域で降水量が最大となるのはケニア北部からエチオピア高原の地域となる（図❷）。エチオピアの首都アディスアベバでは、6〜8月の3か月間で633mmと1年間の降水量の半分余りを占める。逆に南半球が夏のときには、タンザニア南部からザンビ

アにかけての地域で降水量が急増する。ザンビアの首都ルサカでは，6〜8月には降水は全くないのに対し，12月〜翌年2月には572mmと年降水量の7割を占める。つまり，ほぼ赤道直下にあるケニア・タンザニア国境付近は，雨季の時期が逆転する地理的境界に当たっているのである。

➕サバナの自然と生物

　アフリカ大陸においてサバナの面積は1370万km²でアフリカ大陸の45％を占める。その広大なサバナでヌーをはじめゾウ，キリンなどの草食動物が暮らし，ライオンやチーターなどの肉食動物がそれらを捕食して暮らす。これらの大型動物と間近に接することができるサファリツアーは人気があり，アフリカ旅行には欠かせない観光コースだ。

　一方，草原の地面に目を向ければ，シロアリがアリ塚を出入りしている（**写真❸**）。大小のアリ塚が草原に屹立し，大きなものでは人の背丈をこえる。そのようなアリ塚の下では地中の水循環が変わったり，周辺の土壌侵食が促進されたりする。つまりアリ塚の形成は，サバナの地形形成に影響をおよぼす要因として無視できない。またアリ塚は，チーターに物見やぐらや身を隠す場所を提供したり，トピに見張り台として使われたりする。シロアリがアリ塚にエサとして運び込んだ灌木の種子は，そこを新天地として芽吹く。

　このようにサバナの自然は，地形・気候・動植物が相互にからみあってなりたっている。移動するヌーの大群は，その悠久の営みの一端を示している。

写真❸　アリ塚（ナイロビ近郊，2008年）
サバナには高さ1m以上に達するアリ塚が無数にみられる。平坦地の続く草原で，アリ塚は格好の見張り台として草食獣に，また獲物を探す物見やぐらとして肉食獣によく利用される。

　　ヌーの大群が移動するのは，赤道を挟んだ両地域で雨季が異なり，食べ物となる草が繁茂する時期が逆転するから。

24 アフリカになぜ巨大な氷壁が!?
キリマンジャロ山にある氷河のなぞ

> **Q** 息を切らしたどり着く，標高5895mのキリマンジャロ山頂。そこで人は，巨大な氷壁が山頂の一角を占める光景を目の当たりにする。灼熱のアフリカ，しかも南緯3度のほぼ赤道直下。こんなところになぜ氷壁があるのか（写真❶）。

写真❶　キリマンジャロの山頂にある氷壁（タンザニア，2008年）
氷壁の高さは20mにおよぶものもある。氷の表面はペニテンテとよばれる塔状の形態を呈し，乾燥と強い日射によりこの氷体が消耗しつつあることを示している。

✚アフリカにある氷河

　キリマンジャロといえばコーヒーに思いいたる。山麓から山頂に向かって，サバナ→森林帯→草地・低木帯→岩石帯→氷雪帯と，植生の垂直変化が典型的にみられる中で，コーヒーの木はサバナを開墾した農耕地で栽培される（図❶）。コーヒーの木はバナナの木と同一の畑で混ぜて植えられ，収穫量の変動リスクを低減させる工夫により，地域の栽培作物として根づいている。この農耕をささえるのが，キリマンジャロ山からの伏流水である。キリマンジャロの名がスワヒリ語で「輝く山」を意味するとおり，その山頂部には氷河が存在する（写真❷）。赤道付近にもかかわらず氷河があるのは，雨季の

ヨーロッパ・アフリカ

図❶
キリマンジャロ山
の植生垂直分布

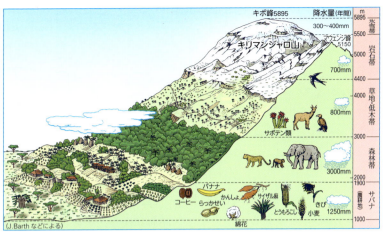

写真❷
標高4200mから見た山頂火口外壁
（2008年）　最高地点は左端のキボ峰。手前の植物はジャイアントセネシオで，高さ5mに達する大型の半木本性植物である。自らの枯葉で幹をおおい，寒気や乾燥から身を守る。氷河から解放されて500年ほどたったモレーン上などから進出を開始する。

降雪と，高い標高による低温のためである。

　この山頂の氷河が近年，縮小に向かっている。更新世の氷河最拡大期には面積150㎢，涵養域と消耗域の境界をあらわす平衡線高度は4570mだったのが，1980年代には面積は0.5㎢に減少し，平衡線高度は5360mまで上昇した。さらにこの30年間に限っても，面積がほぼ半減という急速な変化である。2020年代には完全に消滅するとの予測もある。この急速な縮小により，巨大な氷壁が出現した（**写真❶**）。氷河の一断面が露わになることは，氷河末端が直接水面に落ち込む氷河などでしか見られない珍しい光景なのである。

✚アフリカ大地溝帯にあらわれた高峰

　キリマンジャロ山やキリニャガ山（ケニア，5199m）などの高峰は，アフリカ大地溝帯に隣接する。東アフリカには南北にはしる二本の地溝帯があり，そのうち東側の東部リフトヴァレーに沿って大火山が多い（**図❷**）。リフトヴ

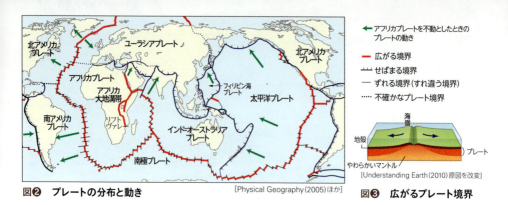

図❷　プレートの分布と動き　　　[Physical Geography(2005)ほか]
図❸　広がるプレート境界

ァレーとは，中央海嶺の頂上部に発達する中軸谷など，地殻が裂けてできた凹地のことである。中央インド洋海嶺からアデン湾および紅海につながる「広がるプレート境界」が分岐して陸地上にあらわれたものが，アフリカ大地溝帯にあたる（図❸）。この広がる境界でプレートが生産される一方で，リフトヴァレーの凹地ができるのはなぜか。

　地球表面はリンゴの皮のような薄い地殻でおおわれる。地殻は，地球内部からマントル物質がわき上がってくるとき，下方からもち上げられることになる。そのため塑性体を示す地殻は，海洋では海嶺，大陸上では山脈や高原をつくる。このようすを消しゴムを使って再現しよう。消しゴムは厳密には，力を受けて変形してもその力がなくなれば形が元の形に戻る弾性体であり，力による変形が残る塑性体ではない。しかし身近にあるので実験に適している。いま，消しゴムの両端をつまみ，下方から押し上げてみる。すると消しゴムは上方へ湾曲し，地殻の盛り上がりが再現される。さらに強い力で押し上げてみると，あるとき，盛り上がりの頂部に亀裂ができ裂け目がはしる。この裂け目が地溝帯，または海嶺の中軸谷をあらわす。

　アフリカ大地溝帯の両側にそびえる崖の比高は，最大で2000mにも達する。この崖の縁にあるナイロビに飛行機が着陸する際には，はるか下方に見えていた地面が崖を境として一気に足下に迫り，5分とたたないうちに着陸することに驚く。

　東アフリカの高地にあるキリマンジャロなどの火山も，このプレート運動に関係して形成された。プレートが広がる境界においては，地下からマントル物質がわき上がっている。そのため地殻熱流量が大きく，活発な火山活動や地震活動がおこる。もともと標高の高いところに火山が噴出するので，6000mに近い高峰までできたのである。その高峰に人が挑むには，薄い空

気による高度障害との闘いが待っている（写真❸）。

＋氷壁は氷河消滅のサインか

　キリマンジャロは更新世の初頭以降，たびたび噴火を繰り返してきた。山頂での噴火は氷河を融解させ，泥流（でいりゅう）を発生させる。噴火による溶岩流とこの泥流により，現在見られるような高くなだらかな山体が形成されていった（写真❷）。完新世に入り氷期が終わると，氷河はいったん完全に消滅した。しかし，小氷期とよばれる13世紀以降の地球寒冷化により，山頂には再び氷河が形成された。この氷河が現在見られるものである。ところが20世紀以降，氷河は急速に縮小に向かい始めた。この氷河縮小が現在も継続し，この過程で巨大な氷壁がつくられた。

　キリマンジャロ山頂には直径2.4kmの山頂火口がある。小氷期に拡大した氷河は，この火口をすっぽり埋めていた。氷河は重力にしたがって斜面下方へ流動するので，山頂氷河は，最も高所にあたる火口の縁の部分を分岐点として，火口の外側および内側の両側に向かって流れていた。この両側に向かって離れるように移動する氷河が，気温上昇や降雪減少の影響を受け涵養（かんよう）が弱くなると，最も高所の火口縁部分において，あるとき氷河にクレバスがはしる。その後も涵養がないと，このクレバス状の割れ目は徐々に開いていく。ここに氷壁があらわれる。

　氷を露（あら）わにした氷河の断面は強い日射と気温に直接さらされることとなり，ときどき氷塊（ひょうかい）を崩れ落とす。つまり氷河融解は表面，末端部はもとより，上端部からも進む。これにより氷河縮小のスピードに拍車がかかる。つまりキリマンジャロ山頂の氷壁は，今まさにアフリカの氷河が消滅に向かっていることを示す標識のようなものだ。

写真❸　高山病で救急搬送される登山者
（キリマンジャロ山の標高4600m地点，2008年）

 アフリカに巨大な氷壁があるのは，寒冷なキリマンジャロの山頂にできた氷河が温暖化により消滅に向かっているから。

25	ロッキーはなぜ「岩の山脈」!?	ロッキー山脈の植生と土壌
26	船はなぜ滝を登る!?	アメリカ五大湖の地形と水運
27	ニューヨークはなぜ大都会!?	アメリカ東海岸の地形と歴史
28	岩はどこへ消える!?	モニュメントヴァレーの侵食地形
29	コロラド川はなぜ「赤い川」!?	グランドキャニオンの地質
30	海面より低い土地がなぜある!?	アメリカ・デスヴァレーの景観
31	赤道の国になぜ雪が降る!?	エクアドルの山岳地形
32	アンデスの民はなぜ山の上に暮らす!?	アンデス山脈の自然と生活
33	海岸になぜアルパカがいる!?	パタゴニアの自然
34	沸騰する海がある!?	ハワイの火山地形
35	火に耐える木がなぜある!?	オーストラリアの植生
36	乾燥の大陸でなぜ水力発電ができる!?	オーストラリアの自然開発
37	風の谷になぜアボリジニは住む!?	ウルル（エアーズロック）の地形
38	ペンギンはなぜ南半球だけにいる!?	ニュージーランドの動物地理

アメリカ大陸・オセアニア

25 ロッキーはなぜ「岩の山脈」!?
ロッキー山脈の植生と土壌

写真❶　カナディアンロッキーの風景(カナダ・バンフ近郊ランドル山,1998年)　山麓の平坦地は針葉樹におおわれる一方,山地の急傾斜地は岩盤が露出する。周囲にはこのような岩峰が多く存在する。

Q 北アメリカ大陸西部を南北にはしるロッキー山脈は,"Rocky Mountains"の名の通り,岩の風景が特徴的な山脈である(写真❶)。アメリカでは荒涼とした風景の中に赤茶けた岩盤が続き,カナダでは針葉樹の森の中に岩の峰がそびえ立つ。山頂近くまで緑におおわれた日本の山地とはかなり趣の異なる風景だ。ロッキー山脈は,なぜ岩の山脈なのか。

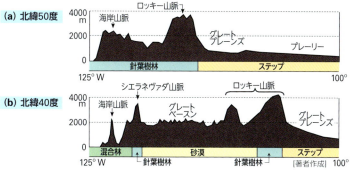

図❶
北アメリカ大陸西部の地形断面と植生変化
大陸西岸から西経100度の範囲を示す。

＋北部と南部で異なる岩の風景

　ロッキーは岩の山脈である。その風景を眼前にすると，岩でできた地形が荒々しい。確かに見上げれば岩盤が露出するが，その麓まで気にしてみると必ずしも一様ではないことに気づく。山脈北部のカナダでは針葉樹林帯の中に岩峰が突き出ているのに対し，南部のアメリカではおもに荒涼とした砂漠の風景が多い。この違いはどこからくるのか。これを考えるため，北アメリカ大陸西部の地形断面と植生変化を，(a) 北緯50度，および (b) 北緯40度の緯線に沿って示す（図❶）。まず北緯50度に沿う図❶(a)から，ロッキー山脈は針葉樹林帯に位置している。これは山脈が海岸に近いため，ある程度の降水があることを反映する。写真❶からも，山麓の平坦地に針葉樹林が広がっていることがわかる。したがってこの地域では山地をつくる傾斜地だけが岩の風景となり，平坦地は針葉樹におおわれる。

　一方，北緯40度に沿う図❶(b)から，ロッキー山脈の西半分はほぼ砂漠に位置していることがわかる。砂漠となっている原因は，降水をもたらす太平洋からの気流が海岸山脈やシエラネヴァダ山脈にさえぎられて内陸まで届かないためである。砂漠というと砂地が広がる砂砂漠を想像しがちだが，この地域では岩石砂漠が主体となる。またロッキー山脈の東半分は針葉樹林帯となっているが，実際にはカナディアンロッキーと同様，山麓の平坦地で針葉樹が見られ，急傾斜の山稜部は岩の風景となる。

＋ロッキー山脈の土壌

　針葉樹が生育できるほど降水があるにもかかわらず，山稜部では針葉樹が分布せず岩の風景が広がるのはなぜか。ズバリ土壌が生成されないからである。では，そもそも土壌とはどのようにできるのか。

写真❷ 崖錐（バンフ近郊レイクルイーズ湖畔，1998年）
落石によりほぼ安息角の崖錐が形成された。安息角とは粘着力のない礫などが，外部からの刺激がない状態のもとで静止しうる最大の傾斜角のことである。中央部から植生が進出しつつあるのは，その部分で岩石の移動が沈静化していることを示す。

　土壌には二つのタイプがある。一つはもともと岩石だったものが雨や風などによる風化で細かく砕かれ，砂や粘土になったもの。もう一つは植物の葉が地面に落ちてたまり，分解されて土になったものである。このうち植物の葉が由来の土は腐植層とよばれる。

　腐植層は森林地帯にはふつうに見られる土壌だが，ロッキー山脈のような冷涼湿潤な地域では特にポドゾルとよばれる土壌ができる。ポドゾルは農業ができないほど強酸性の性質をもつ。これは，針葉樹の落葉がpH3〜4という強い酸性であることを反映している。寒いので落葉を分解する微生物の働きが弱くなり，針葉樹の落葉が完全に分解されず，地面にどんどんたまっていく。そこに雨が降ると，地下に浸透する水も強酸性になってしまうのである。またポドゾルは，白っぽい色をしている。これは，強酸性の水が土壌中の鉄やアルミニウムなどの土に赤い色をつけている元素と化合し，これらの元素を地下に流し去ってしまうためである。流されずに残る石英が白いので，ポドゾルは白っぽい。このポドゾルが，ロッキーの山稜部に分布しないのはなぜか。

✚ポドゾルさえ生成されない山地斜面

　カナディアンロッキーの山稜部は，きわめて急傾斜である。斜面が急だと，岩石が風化してできた砂や粘土がその場にとどまれず落下してしまう。土壌ができないので植物も生育できない。これがロッキーの山稜部が岩の風景となる理由である。

　斜面から落下した礫は，その基部に降り積もっていく。降り積もった礫は円錐状の堆積地形となる。これを崖錐といい，その傾斜角は30〜40度の安息角に近くなる。安息角とは粘着力のない礫などが，外部からの刺激がない状態のもとで静止しうる最大の傾斜角のことであり，富士山の上部も安息角になっている。礫の動きがなくなると土壌ができはじめ，そこに植物が進出できるようになる（写真❷）。

アメリカ大陸・オセアニア

➕成帯土壌の分布と特徴

　北アメリカ大陸の土壌は，気候・植生の分布ときわめてよい対応関係を示す。気候や植生を反映して生成する土壌を成帯土壌というが，世界の成帯土壌はほぼ緯度帯に一致するのがふつうである。つまり土壌生成は気温条件に大きく左右される。ところが北アメリカ大陸では，土壌分布が経線方向に配列する。これは，気温よりも乾湿の違いを反映していることを示す。

　北アメリカでは西経100度の経線がほぼ年降水量500mmに一致し，その西側に向かってしだいに乾燥する。プレーリー→グレートプレーンズ→ロッキー山脈という地形の東西配列に対応し，土壌はプレーリー土→栗色土・褐色土→南部で砂漠土，北部で山地土壌となる（図❶）。

　プレーリー土は黒色の肥沃な土壌で，表面は長草草原におおわれ，地表付近に厚い腐植層を形成する。降水量が比較的少ないことや，地中深くまで草の根が伸びていることから，多くの栄養分が再び植物中に吸収される。その結果，地表近くを豊富な栄養分が循環することになり，土壌の肥沃さが保持される。プレーリー土が分布する地域では，小麦，とうもろこし，大豆などの穀物生産が盛んである。栗色土・褐色土も表層に腐植層をもつ比較的肥沃な土壌だが，プレーリー土に比べて窒素分がやや少ない。灌漑用水さえあれば肥沃な農地として利用できるため，地下水をくみ上げて円形に灌漑するセンターピボットによる農業が行われている。

　岩の山脈ロッキーは，西部開拓者にとっては進路を阻む障壁となった。しかし今では，雄大な風景が観光資源となり，多くの観光客を集める（写真❸）。その風景から，岩と氷河と針葉樹のせめぎ合いを感じられるだろう。

写真❸　**アサバスカ氷河**（ジャスパー国立公園，1998年）太平洋，大西洋，北極海の大分水嶺をなす。近年は末端部の急速な後退がみられ，氷河が縮小している。

 ロッキーが岩の山脈なのは，山麓には針葉樹とポドゾルが分布する一方，山稜部は土壌ができない急傾斜の岩壁だから。

25｜ロッキーはなぜ「岩の山脈」!?

船はなぜ滝を登る!? アメリカ五大湖の地形と水運

Q アメリカとカナダにまたがる五大湖は，すべて川でつながっている。これを利用して，貨物船がスペリオル湖西岸から大西洋につながるセントローレンス湾まで3700kmの水の道を往来している。ところがエリー湖とオンタリオ湖の間には，ナイアガラ滝のかかる断崖がある(写真❶)。この滝を船はどのように登るのか。苦労してまで登るのはなぜか。

写真❶　ナイアガラ滝
(アメリカ・カナダ国境，2013年)
落差は約50mあり，その滝つぼはさらに50mえぐられている。

アメリカ大陸・オセアニア

＋ケスタにかかるナイアガラ滝

ナイアガラ滝の水量は膨大である。世界の地表水の20％を占める上部4滝の水が、ここを流れ落ちる。エリー湖に発したナイアガラ川の水は、オンタリオ湖までの比高99m、長さ58kmを流れ下り、その途中でナイアガラ滝となって落下する。

この滝は、ケスタの崖にあたる（写真❷）。ケスタの崖は、硬軟の互層がゆるやかに傾斜する地域で、硬層部が侵食から取り残されるために形成されたものである（→p.64）。ナイアガラ滝周辺では、硬層部はおもに石灰岩、軟層部はおもに頁岩からなる。

硬層部は抵抗力が強いとはいえ、絶え間なく激しい水流にさらされれば侵食はまぬがれない。実際、ナイアガラ滝の位置は年々後退している。これは、現在の滝の位置から下流に向かって深い峡谷が刻まれていることからわかる。はじめケ

写真❷ ケスタ地形（アメリカ・オレゴン州，2009年）硬層と軟層が互層となっている地質構造がわずかに傾斜している場合、軟層部が先に侵食され、硬層部が崖となる、階段状の地形ができる。写真では手前側を崖とする段が3段ほど見える。

写真❸ 水力発電の取水地点
（アメリカ・ニューヨーク州ナイアガラ川，2013年）取水口付近の凍った水面を船で割っている。

スタの崖の部分にできた滝が、現在の位置まで11km後退した。そのペースは平均で年1mほどである。このペースで後退が続くと仮定すれば、あと2万5000～3万年でナイアガラ滝はエリー湖に到達する。そうなると、最深部でも深さ64mしかないエリー湖はほとんどの水を流出させ、湖は消滅することになる。とはいえ、現在は水力発電のために滝の上部で多量に取水し、滝に流れ込む水量は本来の半分以下となっている（写真❸）。そのため、滝の後退ペースは衰えている。

＋運河のしくみ

この滝を船でこえられないか。それが可能なら、五大湖沿岸と大西洋岸とを舟運で結ぶことができる。1600年代終わり、移民たちは地図を見てそう夢みた。

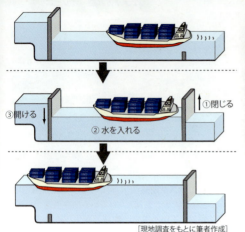

写真❹　ウェランド運河の第三閘門
（カナダ・オンタリオ州セントキャサリンズ，2013年）
一つの閘門で高低差14mをこえられる。運河は現在，4〜12月のみの供用で，冬期は通行できない。

図❶　閘門式運河の模式図
実際には水門の下部にバルブがあり，これを開閉して水を出し入れする。

　1824年，エリー湖とオンタリオ湖を結ぶウェランド運河の建設が始まった。最大の難所は，やはりケスタの崖である。比高99mをこえるためにどうしたらいいか。それを解決したのが閘門である（写真❹）。閘門とは水位を人工的に調節するための水門で，その水門を片側ずつ開け閉めして水位を変えることで，落差のある水路を船が往来できる（図❶）。

　この閘門を多数設け，1829年，ウェランド運河は完成した。スエズ運河が1869年，パナマ運河が1914年の竣工であるから，それらに先駆けた開通だった。距離44.5kmにおよぶこの運河を通して五大湖とセントローレンス川の船舶連絡が可能となり，地域の貨物交通が大きく変化した。しかし，船の下端から水面までの高さ，いわゆる喫水の許容範囲はわずか3.2mで，大型船舶は航行できない。そこでその後も改良が続けられ，1959年に供用開始された現在の4代目では，喫水の限界が8mまで拡張された。これにより最大積載量3万tの外航船も航行できるようになり，燃料を除いても1隻で2万5000tの貨物を運べるようになった。シカゴの穀物，デトロイトの自動車，さらにメサビの鉄鉱石を大西洋岸まで直接積み出せるようになり，アメリカ経済の発展に大きく貢献した。

　セントローレンス海路は2003年以降「水上の高速道路」とよばれ，その環境に優しい特性から，改めて脚光を浴びている。1隻が運ぶ2万5000tは，貨物列車のコンテナ225両，トラックの870台に相当する（写真❺）。経済性と安全性の高さも評価され，冬期も通行できるようにするなどの利便性の向上が追求されている。

アメリカ大陸・オセアニア

写真❺
貨物輸送に使われるアムトラック鉄道
（アメリカ・アリゾナ州，2009年）
アムトラックはアメリカを東西に横断する7本の大陸横断鉄道の一つであり，主に貨物輸送に使われている。輸送効率を上げるため，コンテナは2段重ねのダブルデッカーとなっている。これは電化されておらず架線がないことを逆手に取った輸送法である。

✚五大湖の地形

　セントローレンス海路の完成により大西洋とつながった五大湖は，アメリカで「グレートレイク」とよばれる。5湖を合わせた大きさは約24万km²で，これは日本の本州と四国を合わせた面積に相当する。このグレートレイクは，更新世の氷期にはまったく異なった姿をしていた。
　五大湖は，氷河が削った氷河湖である。2万年前，五大湖はローレンタイド氷床におおわれていた。ローレンタイド氷床とは，現在のハドソン湾の付近を頂とした大陸氷河で，五大湖付近では南方に流動していた。この流動による侵食で，現在の五大湖の湖底がえぐられた。1万2000年前になると氷床は北方に後退しながら，その前面に水をためた。氷河が残したモレーンと氷河本体に挟まれてできた氷河前面湖である。これが現在の五大湖の原形となり，ナイアガラ滝もこのときに形成された。氷床の後退に伴い水系も遷移し，ミシガン湖からミシシッピ川に排水されていた水路が，氷期末期の1万1000年前にはヒューロン湖から直接セントローレンス川に流れ出るようになった。さらに現在のようにオンタリオ湖経由となったのは8200年前のことである。このときローレンタイド氷床は大崩壊をおこし，氷河前面湖の水が一気に排出された。これにより世界の海面が0.4m上昇した。
　氷河の挙動が五大湖の形成やナイアガラ滝の変化に大きな影響をおよぼしてきたことがわかった。現在は人工の閘門が水運にたいせつな役割を果たしているが，自然地理の目でとらえれば，五大湖の形状から世界の海水面まで自在に変えてしまう氷河こそが偉大な閘門にみえてくる。

 船が滝を登るのは，滝に沿ってつくった閘門式運河で五大湖と大西洋が水路で結ばれ，多くの船が行き来するから。

26 ｜ 船はなぜ滝を登る⁉

27 ニューヨークはなぜ大都会!?
アメリカ東海岸の地形と歴史

写真❶ マンハッタン島の夜景(2014年) 手前の水面はハドソン川で、ニューヨーク州とニュージャージー州の州界になっている。ハドソン川は深い地溝であるうえに、氷期には北方にあった氷床からの融氷河流で深く侵食されたため水深が深く、船舶の航行に適している。

Q ニューヨークは人口830万を擁するアメリカ最大の都市である(2012年)。ウォール街や国連本部などをかかえ、世界の地政学上の中心といえる(写真❶,❷)。ところが初期のイギリス移民たちは、ニューヨークではなく、それよりも北方のニューイングランド地方に上陸し、そこに植民地の建設を進めた。ニューヨークはアメリカ開拓の歴史では後発となるのである。そのニューヨークが現在のような大都会となったのはなぜだろうか。

アメリカ大陸・オセアニア

➕「地形学の父」が親しんだニューイングランド地方の地形

　ニューイングランド地方に清教徒の移民を乗せたメイフラワー号が到着したのは1620年のことである。現在のマサチューセッツ州ボストン近郊に碇を下ろし，ここを出港地と同じプリマスと名づけた。コッド岬の砂嘴地形に抱かれた波の穏やかな海岸は，港湾として利用しやすい。また沖合にはジョージズバンクの浅堆，さらに潮境にもなっており，漁場としても恵まれている。コッド岬のコッドとは，付近の海域で豊富に獲れるタラに由来する。

　「新しいイギリス」と名づけたニューイングランドで，移民たちはさっそく植民地を建設した。1607年に植民地化したヴァージニアに次ぎ，アメリカ2番目の植民地としてマサチューセッツが建設されたのが1630年である。彼らは布教上の要請から教育を重視し，1636年には早くも大学を設立した。それがアメリカ最古の大学となるハーバード大学である。

　後年，このハーバード大学で学んだ1人に，ウィリアム＝モーリス＝デービスがいる。「アメリカ地形学の父」といわれるデービスは，ニューイングランドの山々を歩き回り，侵食地形の発達過程を系統的にあらわした。それが侵食輪廻説である。この考えでは，終末期に準平原が形成される。その準平原の上に，侵食されつくされずに残る丘陵状の地形，いわゆる残丘がみられることがある。これをデービスは，ニューハンプシャー州にある山の名をとってモナドノックと名づけた（写真❸）。モナドノック山は，地元ネイティヴアメリカンの言葉で「孤立した山」を意味する。

写真❷　タイムズスクエア
（ニューヨーク，2013年2月）
かつてニューヨークタイムズ本社があったことからこの名がつく。氷点下になる真冬でもにぎわう。

27｜ニューヨークはなぜ大都会!?

写真❸
モナドノック山
（標高965m，ニューハンプシャー州，2013年）
4億年前に形成された変成岩からなる残丘。第四紀の氷期にこの地域をおおったローレンタイド氷床によって南側斜面が削られ，南北で非対称形を示す。付近の一帯は現在，州立自然公園に指定され，アウトドア活動を楽しむ人でにぎわう。

図❶　ホッグバックの模式図 硬層部の切り口に相当する前傾斜面(a)と硬層の地層面に相当する後背斜面(b)は，交差角が45度の場合，ほぼ対称的な形態となる。地層の傾斜がよりゆるいとケスタになる。
[Davis 1912を改変]

　さらにデービスは，この地域一帯に広がる山脈と谷の地形が抵抗性の強弱による選択侵食によるものであることを明らかにし，この山域の名称からホッグバックとよんだ。ホッグバックとは，硬軟互層が地表面と急角度で交差している場合，硬層部が突出し，その走行方向に細長く丘陵が続く地形である（図❶）。デービスの命名は現在も生きており，侵食輪廻説が実証的に否定される現在でも，デービスが「地形学の父」であることに疑いはない。

╋ボストンvsニューヨーク　伝統と先進の対照

　イギリス移民がニューイングランドに次々と植民地を建設するなか，オランダは1626年，マンハッタン島をネイティヴアメリカンから得る。ここにニューアムステルダムの建設が始まった。オランダ人はイギリス人からの攻撃に備え，マンハッタン島南部に防壁を張り巡らせた。ウォール街の名はこの壁に由来する。しかし防壁は，わずか40年で破られてしまう。ニューアムステルダムはイギリスに奪取され，これ以後，ニューヨークとなる。
　ニューヨークの発展は，東部13植民地による独立宣言でさらに確実となる。イギリスはフランスとの間の植民地獲得戦争で疲弊し，戦費を補うため植民地に新たな税負担を課した。1765年の印紙税法に続き，1773年には茶税法を制定した。困窮するイギリス東インド会社を救済するため，会社に紅茶販売の独占権を与えたのである。元イギリス人である植民地の人にとって紅茶は欠かせない。その値上がりに反発し，ボストンに入港した東インド会社の

船に乗り込み，大量の茶箱を海中に投げ捨てる事件がおこった。これが1773年のボストン茶会事件である。これに対しイギリス本国はボストン港を閉鎖し，軍隊を駐留させた。これをきっかけに植民地側は連帯を深め，独立戦争へと進むことになった。1776年の独立宣言を経て，1789年には初代大統領ワシントンの就任式が行われたが，その場所が13州の中心に位置するニューヨークだった。

　山がちで貧栄養の土壌，さらに冷涼な気候のニューイングランド地方に対し，ニューヨークから南のアメリカ東海岸は，それらいずれの条件にも勝った。ニューヨークを河口とするハドソン川は水深が深く，舟運の利点もあった。1825年に完成したニューヨークステートバージ運河は喫水限界（→p.118）1mほどと，その名の通り，艀（バージ）でしか荷を運べない運河だったが，ミシガン湖からイリノイ＝ミシシッピ運河を経由してメキシコ湾まで水路でつながったことで，ニューヨークは水運の上でも北アメリカ大陸の玄関口となった。

　ニューイングランド地方が清教徒の地であり，伝統と格式を重んじる気風なのに対し，ニューヨークは宗教に寛容だったことも，多くの移民を受け入れる素地となった。さらにアパラチアの石炭や水力，広い海岸平野の存在なども，近代工業発展の礎となった。マンハッタン島には岩盤の露出した地区があるが，開発の難しいこの地区を都市公園，セントラルパークとして整備するなど，都市計画の先見性も功を奏した（**写真❹**）。現在，アメリカ北東部は産業の衰退が進行するフロストベルトと揶揄されているものの，世界の地政学上の中心であることに変わりはない。

写真❹　セントラルパークの露岩（ニューヨーク・マンハッタン島，2013年）先カンブリア時代の結晶片岩が露出している。1811年から始まった都市計画で岩盤の破砕や客土を行い，公園を整備した。

| ニューヨークが大都会になったのは，舟運の要衝である地の利に加え，多様な民族・宗教に寛容な地域性をもつから。

28 岩はどこへ消える!?
モニュメントヴァレーの侵食地形

写真❶　ビュート
（アメリカ・コロラド高原モニュメントヴァレー，2009年）
土台のスカート状斜面に水平の地層が見えることから，この部分は上部から落下してきた岩がたまってつくられた崖錐ではないことがわかる。

Q アメリカ南西部・コロラド高原の一角に，テーブル状の丘が立ち並んでいる(写真❶)。その高さは300mをこえ，近づくと岩のジャングルに迷い込んだようだ。ところが，このテーブルはときおり崩れては大きさを減らしている。しかし，崩れたはずの岩はあたりに見あたらない。水流もない乾燥した大地で，岩はいったいどこへ消えるのか。

＋アメリカなのになぜスペイン語？

　岩でできたこの地形はメサとよばれる。メサの隣には，漏斗を逆さにして置いたような形のビュートもある。どちらも人工的につくられた記念碑のように見えることから，メサやビュートが立ち並ぶこの地域はモニュメントヴァレーとよばれる（写真❷）。

　メサはスペイン語で「テーブル」を意味する。またこの地域には，「コロラド」や「カリフォルニア」などスペイン語由来の地名も多い。これは，ここがもともとスペイン人国家であるメキシコの領土だったからである。領土をめぐって争われた1848年のアメリカ＝メキシコ戦争に勝利したアメリカが，この地域をメキシコから割譲させた。そのためアメリカ南西部には，今でもヒスパニック系住民が多く住む。スペイン語が英語と並んで公用語となっている州もある。

　これらの地域を縫うように流れるのがコロラド川である。コロラド川は中流部で高原を深く刻み，グランドキャニオンをつくる。その侵食作用は今も継続し，大峡谷は広がりつつある。この侵食谷の上流部がモニュメントヴァレーに達し，テーブルからはがれ落ちた岩を運び去っているのか。

　コロラド川支流のサンフアン川は激しい侵食力でモニュメントヴァレーに迫りつつあるが，そこに達するにはまだ年月を必要とする。したがって，水流で岩が運ばれることはない。「ヴァレー」と名づけられていても，それは単に集合していることをたとえた表現で，「シリコンヴァレー」と同様に実際の谷地形を意味するわけではないのである。

写真❷
メサとビュートが立ち並ぶ景観
（モニュメントヴァレー，2009年）
ビュートとはフランス語で「小さな丘」を意味し，テーブルの高さより頂部の幅の方が小さくなった塔状の地形をさす。

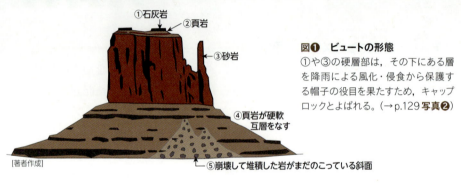

図❶　ビュートの形態
①や③の硬層部は，その下にある層を降雨による風化・侵食から保護する帽子の役目を果たすため，キャップロックとよばれる。(→p.129 **写真❷**)

✚ モニュメントの構造

　ではいったい崩れた岩はどこへ消えるのか。これを追究するため，まずビュートを詳しく観察してみよう。**写真❶**のビュートを**図❶**に模式的にあらわした。**図❶**を見ると，上部から下部にかけて四つの部分に分かれることがわかる。①最上部の薄い層，②その下の傾斜した薄い層，③垂直に切り立った厚い層，④最下部のスカート状に広がった層である。各層は，侵食に対する抵抗力がそれぞれ異なる。①は石灰岩層，③は砂岩層で，いずれも硬いため侵食されにくい。それに対し②④は頁岩層で軟らかいため侵食されやすい。この硬軟互層に雨が降るとどうなるか。コロラド高原は乾燥気候下にあるが，ときおり大雨が降る。雨水は②④の頁岩層を選択的に侵食し，斜面を後退させる。これらの層が後退すると，それぞれその上にのる①③層が下支えを失うことになり，崩落する（**写真❸**）。この繰り返しで，メサやビュートはしだいに小さくなっていく。

　④の部分をより注意深く観察してみると，斜面の中に水平の地層が見える。この水平層の存在は，この斜面が上から落ちてきた岩がたまってできた崖錐斜面ではないことを示す。なぜなら，もし崖錐なら岩が乱雑に積み重なるだけで，もともとあった頁岩層はあらわれないはずだからだ。つまり，上から落ちてきた岩は確かに消えている。

　岩が消える原因を突き止めるため，この地域の自然環境を再確認しよう。標高2000m以上ある内陸の砂漠ということから，気温の日較差が大きく，夜間は氷点下になる。また，植物がほとんどなく風が強い。これらに気づけば答えはみえてくる。すなわち，凍結と融解の繰り返しによる風化で岩が砕かれ，その結果生産された砂礫が強風によって飛ばされてしまうのである。氷点下になる夜間の気温で，岩の隙間に入り込んだ水分が凍結し，体積が膨張することで岩が砕かれる（**写真❹**）。

アメリカ大陸・オセアニア

＋ビュートをつくってみよう

メサやビュートに限らず、どんな地形でもそのなりたちを知るにはフィールドワークで実際に見ることが最もよい。それが難しい場合、再現実験をする方法がある。ビュートは簡単に砂場でつくることができる。

まず砂山をつくり、その頂部を平らにする。平らにした頂部にやや大きめの石ころをばらまく。こうしてつくったテーブル状の地形、すなわちメサに水をかける。すると縁辺部から侵食がおこり、下支えを失った石が周囲に落ちていくだろう。こうしてメサからビュートへ変化していくようすを再現できる。ただし、流下して再堆積した砂や石を速やかに除去しないと、その土砂がスカート状斜面をおおってしまい、モニュメントヴァレーのような典型的なビュートの姿にはならない。これを防ぐため、砂山の周囲に溝を掘っておくとよい。

写真❸　岩盤の崩落現場（モニュメントヴァレー、2009年）下支えを失うことで、岩盤の崩落が下部から進む。中央の半円形の崩落跡は、幅が約10mある。

写真❹　岩盤変位観測調査
（スウェーデン・アビスコ、2004年）岩盤温度と割れ目幅の変化を測定し、凍結時に割れ目が拡大することをとらえた。岩石中の水分が凍結し、膨張することで岩石が風化していく現象は凍結破砕作用とよばれる。

熱帯のジャングルは豊富な降雨でつくられるが、ここ乾燥帯にある岩のジャングルは風でつくられる。地形のなりたちを読む目が鍛えられてくれば、湿潤地域と乾燥地域で植生が異なるだけでなく、主となる地形営力も異なることを、モニュメントヴァレーの「記念碑」から読み取れるようになる。

 岩が消えるのは、メサやビュートが侵食されて落下した岩が、凍結融解の繰り返しで砕かれ、風で吹き去られるから。

29 コロラド川はなぜ「赤い川」!?
グランドキャニオンの地質

Q アメリカ西部のアリゾナ州にグランドキャニオンがある。長さ450km，幅16〜29km，比高は最も深いところで1400mに達する。奥羽山脈の天地をひっくり返してみるとほぼはめ込める大峡谷だ。この大峡谷をつくったのがコロラド川である。コロラドとはスペイン語で赤色を意味するので，コロラド川は「赤い川」ということだ。ところが実際に見てみると，川面は赤いどころか，むしろ青く透き通っている(写真❶)。なぜコロラド川は赤い川と名づけられたのか。

✚ 大地が赤い理由

コロラド川はアメリカ中西部のロッキー山脈に源を発し，2300kmを流れてカリフォルニア湾に注ぐ。その流域面積は国土の1/13を占め，アメリカ屈指の大河である。

この峡谷周辺の地層を眺めると，全体的に赤いことに気づく。赤色の景観は，「コロラド高原」や「コロラド州」などの地名にもなっているように，この地域を特徴づける。赤色の原因は，この地域に頁岩層が広く分布し，その風化物質が赤いためである。頁岩とは，泥岩と同様，水底で泥がたま

写真❶ コロラド川(アメリカ・コロラド高原グランドキャニオン，2009年) コロラド川は赤色を帯びた地質の中を流れるが，川の水は赤くなく，むしろ青みがかっている。

アメリカ大陸・オセアニア

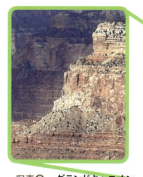

写真❷　グランドキャニオンの地層構造(2009年)
相対的に硬い石灰岩や砂岩の地層が侵食から取り残され、より軟らかい頁岩の地層を侵食から保護するキャップロックとなる(→p.126)。硬層部がほぼ垂直な崖をつくるのに対し、軟層部は斜面状となるため、階段状の地形となる。

って固結してできた堆積岩で、本の頁(ページ)のように層状に薄くはがれる特徴をもつ。頁岩の中に含まれる鉄分が大気に触れて酸化し、赤色を呈する。

　グランドキャニオンでは、頁岩層を挟むように石灰岩層や砂岩層が分布する。石灰岩と砂岩は風化・侵食に対して抵抗性が強いため、ほぼ垂直の崖を保っている。それに対し頁岩は抵抗性が弱いため、侵食が進行し斜面をつくる(写真❷)。この頁岩の斜面から赤色の砂礫が下方に供給されるため、グランドキャニオン一帯は赤色で染められた景観となった。

＋川が透明になった理由

　それでは、赤色で染められたグランドキャニオンの中にあって、コロラド川はなぜ透明なのか。ロッキー山脈の雪融け水を集め激流となって流下するコロラド川は、その侵食力で大地を削り取り、大峡谷をつくった。つまり本来は多量の土砂を含んでいた。したがってかつては確かに赤色を呈していたのである。しかしあるとき以来、その激流がおだやかな流れに変わった。そのため浮遊物質をほとんど含まなくなり、青い流れとなった。

　コロラド川から牙を抜いたものは何か。1930年代初頭のこと、世界恐慌をきっかけとした長く深刻な不況がアメリカを襲った。これを乗り切るため、各地で公共事業が盛んに始められた。この時代の公共事業の代表はダムであ

写真❸　フーヴァーダム（2009年）大恐慌下の1931年に着工し，1936年完成した。治水，発電，灌漑（かんがい），水道水などと多目的で，近くにあるラスヴェガスの発展をもたらした。

る。コロラド川でも，まずフーヴァーダム（写真❸）が建設された。フーヴァーダムは当時としては世界最大で，その人造湖は今でもアメリカ最大の面積を有する。

　ダムができれば，川の水に含まれる浮流物質はそこで堰き止（せきと）められる。つまり，ダム湖の底には土砂が堆積する。堆砂（たいしゃ）が進むと，ダム機能は著しく低下してしまう。グランドキャニオンのすぐ下流でコロラド川を堰き止めるフーヴァーダムでは，川の浮流物質量が想定よりはるかに大きかったため，堆砂が急激に進行してしまった。これを緩和するため，グランドキャニオンの上流に新たに別のダムを建設することになった。グレンキャニオンダムが完成したのは1960年代で，これ以降，グランドキャニオンを流れるコロラド川の水流は濁（にご）りのない透明な水になったのである。つまり，コロラド川は「赤い川」ではなく，「赤かった川」というのが正しい。

➕グランドキャニオンの形成史

　グランドキャニオンの雄大な景観（写真❹）を求めて，世界中から観光客が集まる。グランドキャニオンは1919年に国立公園に指定され，1979年には世界自然遺産にも登録された。ここでハイキングをしようとすると，平坦な台地からコロラド川へ，比高1000m以上を初めに下りることになる。歩くにつれ標高は下がり，気温は上がる。通常の山を登るハイキングとはまるで異なる環境に，注意が必要だ。しかしそのハイキングは，景色の壮大さとともに，地球の歴史を感じることができる魅力（みりょく）がある。

　この地域の地層はすべて，海底下の堆積物が起源である。海底では，砂礫は徐々に上部へと積み重なっていくため，最も上部の地層が相対的に新しく，下部ほど古い。最上部のカイバブ石灰岩は2億6000万年前，最下部の片麻（へんま）岩（がん）は18億年前に形成された地層である。これらの地層は，太平洋プレートと北アメリカプレートの衝突が始まったのをきっかけに，海底から隆起して

アメリカ大陸・オセアニア

写真❹
グランドキャニオンに集まる観光客
（2009年）
雄大な景色を求めて、世界中から観光客が集まる。上部の平原と谷底との標高差が1000m以上あるため、動植物種が豊富で、イヌワシやオオタカなど300種以上の鳥類に加え、70種以上のほ乳類が生息する。生態学的、生物学的な価値も評価され、1979年、世界自然遺産に登録された。

地上にあらわれた。これが7000万年前のことである。地盤の隆起により、この地域の地層は水平を保ったまま高さ3000mまでもち上げられ、コロラド高原が出現した。600万年前になると、この地域をコロラド川が貫流するようになり、グランドキャニオンが形成された。

　大地がつくられたり侵食されたりするのは、あまりにも長い年月の話なので、理解するのが難しい。そこで、時間の流れを空間の広がりに置き換えてみよう。いまサッカーコートの大きさを地球の歴史、つまり46億年とする（図❶）。時代の進行に合わせコートに砂を敷き詰めていくと想定しよう。まず最古の地層の形成、つまり18億年前は、コートの半分少々まで敷き詰められた状態に相当する。また2億6000万年前のカイバブ石灰岩層は、ペナルティーエリアを残してすべて埋められた状態だ。コロラド高原が地上にあらわれた7000万年前はゴールエリアを残すだけ、コロラド川の侵食が始まった600万年前は、わずか畳3枚分となる。

　黒板消し一つ分が1万年に相当し、1年はわずか1.2mm四方、つまりゴマ粒の大きさにも満たない。コロラド川が赤色でなくなってから米粒ほどの時間しか過ぎていないことを思うと、雄大な風景のなりたちがいかに悠久なものか、よく実感できる。

[著者作成]

図❶
地球の歴史をサッカーコートの面積で表現した図

 コロラド川が赤い川とよばれるのは、酸化鉄分を含んだ土が流れたため。現在は大恐慌を期につくられたダムにより青い。

29｜コロラド川はなぜ「赤い川」!?

30　海面より低い土地がなぜある!?
アメリカ・デスヴァレーの景観

写真❶
海面標高を示す標識
（アメリカ・デスヴァレー，2009年）海面下85.5mの位置から標高0mを見上げる。

Q アメリカ・カリフォルニア州に「死の谷」とよばれる深い谷がある。峠をこえ，谷に入っていくと，そこは水もなければ風もない気温50℃に近い灼熱の世界である。谷底の平坦地は巨大な壁で囲まれ，まるで蟻地獄のようだ。その壁を見上げると，頭上はるかに海面標高を示す標識がある（写真❶）。この谷底は海面下に位置するのである。デスヴァレーには，なぜ海面より低い土地が広がっているのだろうか。

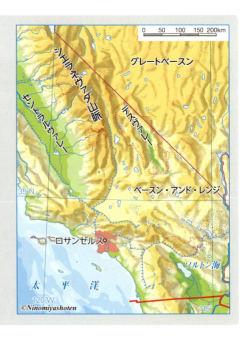

アメリカ大陸・オセアニア

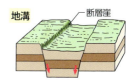

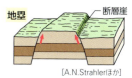

[A.N.Strahlerほか]

図❶　地溝と地塁

写真❷　デスヴァレーにある扇状地（2009年）

➕断層がつくった地体構造

　アメリカ西部のシエラネヴァダ山脈からロッキー山脈の間は，グレートベースンとよばれる。グレートベースンは，日本の面積より大きな広がりをもち，まさに「大盆地」である。しかし実際には，単一の盆地ではなく，山脈と盆地が交互に配列する地形を示す。この地形配列は，グレートベースン南部で特に顕著であり，シエラネヴァダ山脈からコロラド高原にかけての地域はベースン・アンド・レンジとよばれる。このベースン・アンド・レンジの中で，最も大きな標高差をもつのがデスヴァレーの周辺である。

　デスヴァレーでは，周囲の山地の最高点が3368m，谷底の最低点がマイナス86mで，3400m強の標高差がわずか20kmの距離で位置する。したがって，山の斜面はほとんど崖のように切り立っている。

　このような起伏の大きな地形は，断層運動によって形成された。急な崖は断層崖，二つの断層崖に挟まれた低地は地溝，逆に高まりは地塁とよばれる（図❶）。地溝の例として，日本では近江盆地や京都盆地，また地塁の例として六甲山地や鈴鹿山脈などがある。いずれも地溝や地塁の列と直交する方向からの圧縮力を受けて形成される。

　地塁を囲む断層崖は急なので，崩落しやすい。崩落した土砂は，水流によって運ばれ，山地の出口に扇状地をつくる。この扇状地の発達により，地溝の盆地は土砂で埋められていく。近江盆地や京都盆地に流れ出る河川の多くが，人工堤防が設けられたことで河床が上がり天井川となっていることからも，地塁の山地から地溝の盆地への土砂供給が多いことがわかる。土砂供給が多ければ，ふつう盆地は埋められていく。ところがデスヴァレーでは，

写真❸ デスヴァレーの平坦な盆地底（バッドウォーターベースン、2009年）発生と消滅を繰り返した湖の底で、土砂と塩の互層が形成された。堆積層の厚さは3000mに達する。

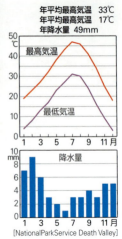

図❷ デスヴァレーの気温と降水量の月変化

扇状地は見られるものの（写真❷）、その盆地底はアメリカ大陸で最も深い地点となっている。デスヴァレーの底は、なぜ土砂で埋まらないのか。

✚盆地底が土砂で埋まらない理由

デスヴァレーと同様、海面下の土地が広がる地域として、西アジアの死海がある。死海は、ヨルダン川ー死海地溝とよばれる地溝帯の一部にあたり、その水面の標高はマイナス400mに達する。死海の水は塩分濃度が高く、海水の10倍におよぶ。塩分濃度が高いのは、気温が高く、降水量が少ないので、湖水の蒸発量が水分供給を上回るためである。死のつく地名のつながりで、これをヒントにデスヴァレーが土砂で埋まらない理由を考えよう。

まずデスヴァレーの気温はどうか。盆地底の中心にあるファーニスクリークでは、最も寒い12月の日平均最高気温は18℃、最も暑い7月には47℃となる（図❷）。地面温度の最高記録は、1972年7月の94℃であり、夏に著しく高温になることがわかる。これはフェーン現象のためである。次に降水量はどうか。年降水量はわずか49mm。これは、周囲の山地で空気中の水蒸気が取られ、雨雲が盆地に入ってこないためである。山地にはある程度の降水があり、冬季には積雪もみられる。この積雪からの融雪水が、盆地底にもたらされる。しかしその水分供給量は、蒸発量を上回るほどではない。つまり死海と同じ条件がそろっている。

アメリカ大陸・オセアニア

➕盆地底が平坦となった理由

　まれに降る大雨により植生のない山肌は侵食され，土砂が運搬されて盆地底に扇状地がつくられる。扇状地はふつう傾斜があるが，デスヴァレーの底はほぼ平坦となっている。これは，盆地底が湖底だったことを示唆する。湖底では土砂が平坦にたまる（写真❸）。湛水すると土砂が急速にたまることは，地すべりで河道閉塞が発生した2004年の新潟県中越地震による災害でもみられた（写真❹）。

　デスヴァレーにかつてできた湖は，水の力で湖岸の岩を削り取り，湖底に土砂を堆積させた。堆積させたのは土砂だけではない。湖水が干上がるとき，水に含まれていた塩分が晶出し残された。湖は氷期の間に発生と消滅を繰り返し，そのたびに広大な塩の層をつくった。こうして，土砂と塩が何枚も重なる互層ができた。これが，現在デスヴァレーでみられる広大な平坦地となったのである。

　湖のない現在は，土砂の堆積が進まない。降水もほとんどないため，河川の侵食・運搬作用が活発ではない。さらに，現在でも地殻変動により地溝の沈降が続いている。これらより，デスヴァレーの底は埋められずに海面より低いままとなっているのである。

　地殻変動が激しいということは，地下深くの物質が地表近くにあらわれていることを意味する。デスヴァレーにはかつて1万もの鉱山があり，ガラスの原料などに使われるホウ酸塩鉱物を産出した。国立公園に指定された現在は廃坑となったが，かわりに冬の避寒に観光客が訪れるようになった。デスヴァレーを訪れた人は，風もなく動物も見あたらない谷の景観に死を連想する。しかし死んだように見えるこの谷も，自然地理の目で見れば盛んに活動する「生きた谷」なのである。

写真❹　土砂で埋まった家屋（新潟県長岡市山古志の木籠集落，2009年）2004年の新潟県中越地震でおきた河道閉塞で堰止湖が出現し，その底に土砂が平坦に堆積した。これにより，家屋が埋没する被害が発生した。

 　海面より低い土地があるのは，断層でできた盆地が，乾燥気候下で水の力による堆積作用が弱く，土砂で埋まらないから。

31) 赤道の国になぜ雪が降る!?
エクアドルの山岳地形

写真❶　アンティサナ山(5753m, 2008年)
標高5000m以上が氷河におおわれる。年間を通して雪が降り, 晴れる日は少ない。

Q　「赤道」を意味するスペイン語から名づけられた南アメリカのエクアドル。その赤道の国に, 1年を通して雪が降る地域がある。寒流のペルー（フンボルト）海流が海岸に沿って流れているため, 熱帯特有の高温はやや緩和されるとはいえ, 赤道に雪とはやはり驚きだ。しかも海岸に沿って流れる寒流は沿岸地域に乾燥をもたらすため, 降雪にはなおさら不都合のはずである。エクアドルに雪が降るのはなぜだろうか。

＋アンデス山脈の雪

　日本の3分の2ほどの面積のエクアドルは，東側からアマゾン低地，アンデス高地，太平洋岸低地，そしてガラパゴス諸島の4地域に分けられ，それぞれ大きく異なった自然環境を示す。この自然の多様性をもたらすのは，国土の中央をはしるアンデス山脈の存在が大きい。

　アンデス山脈は，南アメリカ大陸を南北8500kmにわたって縦断する。その主稜線は2列に分かれる箇所が多く，その間に盆地状の高原ができる。ペルーからボリビアにかけてアルティプラノとよばれているこの高原は，エクアドルにもあり，ここに首都キトがある（写真❷）。

　キトをとりまくエクアドル・アンデスには，ドイツの地理学者フンボルトが「火山通り」とよんだ通り，多数の火山が分布する。エクアドル最高峰のチンボラソ山（6310m）や，活火山として世界最高峰のコトパクシ山（5911m）など，6000m級の火山が林立する。これらの山頂は氷河におおわれ，つねに白く輝いている（写真❶）。この氷河は，氷期に形成された氷の遺物ではなく，現在でも時季を問わず雪が降り続き，つねに涵養されている生きた氷河である。標高が高いため降水は雨ではなく雪となることは容易に想像がつく。それでは，降水のもとになる水分はどこから供給されるのか。

＋アンデスに雪を降らせるアマゾン川

　エクアドルの西は太平洋に面し，豊富な水分に恵まれていそうだ。しかし沖合には寒流のペルー海流が北上してきているため，地上付近の大気が冷やされ，大気の状態はつねに安定している。したがって，ここでは海が近くに

写真❷
キト盆地（2008年）
標高約2800mにあり，月平均気温は年間を通してほぼ13℃と常春で，典型的な高山気候の特徴を示す。

31｜赤道の国になぜ雪が降る！？

写真❸　エルアルター山(5319m)のカルデラ湖(2008年)　アマゾン川支流の一つリオブランコ川の源流をなす。

あっても，降水には結びつかない。チリ北部の沿岸にはアタカマ砂漠が広がり，ペルー沿岸には雨乞いのためつくられたと考えられているナスカの地上絵がある。ペルー海流が流れる沿岸地域は，いずれも乾燥地帯となっているのである。

エクアドルの東はどうか。広大なアマゾン盆地が広がっている。

アマゾン川は長さこそナイル川にわずかにおよばないが，その流域面積と水の量で世界の大河川を圧倒する。川幅は通常で4〜5km，増水期には幅100km以上もある沖積低地が氾濫した水でおおいつくされ，海のようになる。エクアドル・アンデスは，そのアマゾン川の源流地帯の一角を占めている（写真❸）。エクアドルの山々から流れ出る多くの支流は，やがてペルー国内で1本にまとまり，大西洋に向かって延々と6000kmを東に向かって流下する。

そもそもこれらの支流は，西向きに200km足らず流れれば太平洋に流れ出すことができるのに，なぜわざわざ東に向かうのか。実は，昔は西に流れ太平洋へ注いでいた。ところが中生代後期以降に始まった地殻変動によってアンデス山脈が隆起し，川の出口がふさがれてしまった。河川の下刻作用が強く，下刻の速度が山地の隆起速度より大きい場合には，河川は山地を横切る先行川となって流路を維持できる。しかし，ここではアンデス山脈の大きな隆起速度に加え火山噴火もおこったために，川の出口は急速にふさがれた。この堰止めにより，現在のアマゾン盆地付近には広大な湖が誕生した。その流出口が新たに大西洋側にできたことで，アマゾン川は東流することとなったのである。火山活動は現在も活発で，トゥングラウア山では1時間に何度も，大音響とともに噴煙が上がる（写真❹）。

アマゾン川中流域に広大な低地ができたことで，エクアドル・アンデスの高峰に多量の降雪がもたらされるようになった。年間を通して吹く東からの貿易風が，アマゾン盆地の熱帯雨林で水蒸気の供給を受け，高温多湿の風となり，アンデスの峰々に吹きつけるのである。つまり，エクアドルに雪が降るのは，アンデスの高峰やアマゾン盆地をつくった地殻変動，高温多湿をもたらす熱帯雨林，そして雨雲を運ぶ大気循環が相互に作用しあった結果とい

アメリカ大陸・オセアニア

える。

宇宙に最も近い国

エクアドルの最高峰チンボラソ山の山頂は，地球上で最も宇宙に近い場所である。確かにアンデス山脈の高峰は6000mをこす。しかし，8000m峰を複数もつヒマラヤ山脈には，高さでおよばない。それにもかかわらず宇宙に最も近いとはどういうことか。

宇宙に近いとは，いいかえれば「地球の中心から離れている」ということである。地球は完全な球体ではなく，赤道方向にやや膨らんだ楕円体になっている。赤道に沿う外周が，極を結んだ外周より約20km長い。これは地球の自転による遠心力で，赤道付近の地表が外側に引き伸ばされているためである。つまり赤道付近では，標高0mを意味する海水準自体が，地球の中心から離れているのである。したがって赤道直下にあるチンボラソ山の頂は，地球の中心から最も遠い，つまり宇宙に最も近い地点となる。

このような高峰に積もる雪は，たとえ低緯度であっても氷河となる。チンボラソ山の氷河は現在，最も下端で標高4600m付近まで延びている。この氷河を踏み，フンボルトは1802年，標高6000m近くまで達した。当時は世界最高峰と考えられていたチンボラソ山の高嶺からフンボルトが見た景色は，アンデスの山奥で息づく人々の暮らしだったかもしれない。時に自然災害に脅かされながらも，その自然に適応して暮らすアンデスの民に思いをはせたい。

写真❹　トゥングラウア山(5029m)から上がる噴煙(2008年)
1999年には大爆発をおこし，近隣の集落や道路を破壊した。
〇印に噴煙が見られる。

赤道の国に雪が降るのは，アマゾンの熱帯雨林からの雲が貿易風に運ばれ，アンデスの高山に達して雪となるから。

31 ｜ 赤道の国になぜ雪が降る!?

32 アンデスの民はなぜ山の上に暮らす!?
アンデス山脈の自然と生活

写真❶　アンデス山中の集落（エクアドル・インディヘナ村，2008年）自動車道もきていない山中の村で，子どもは朝5時から畑仕事をし，その後2時間かけて学校まで歩いて通う。

Q 南アメリカ大陸を南北8500kmにわたって続くアンデス山脈が国土の中央部を縦断するエクアドルには，標高6310mのチンボラソ山をはじめ6000m級の高峰が林立し，峻険な山岳景観がつくられている。その険しい山の中に，アンデスの民が暮らす集落が点在する（写真❶）。標高が高いため空気は薄く，紫外線は強く，気温の変化は激しい。このような過酷な環境にあえて暮らすのはなぜだろうか。

＋アンデス山脈の成因

　地上で最大の山脈であるアンデス山脈は、なぜこんなに長く、高いのか。その原因は、日本列島の形成と同様、プレートの沈み込みによる地殻変動にある。東太平洋海嶺で生まれたナスカプレートが、東に進んで南アメリカプレートにぶつかり、そこで沈み込むときに大陸地殻をもち上げる（図❶）。地中を掘り進むモグラが地面を盛り上げるようすを想像するとよい。この地殻の隆起は、地震活動を伴う断層運動としておこる。

　地殻の隆起は、これとは別のしくみもある。今、これを「大陸地殻のメタボ作用」とよぼう。大陸地殻が、あるものを「食べて」太ることで山脈ができる作用である。地殻は何を食べているのか。一つは、大陸地殻の破片である。海洋プレートが沈み込むときに大陸地殻の一部をもぎ取り、それをくっつけたまま地下に運搬し、やがて放出する。放出された地殻物質は、周囲より軽いため、マントル内を上昇し、最後に大陸地殻の底にくっつく。

　地殻が食べるもう一つは、溶けたマントル物質である。海洋プレートの沈み込みで摩擦熱が発生し、地下の岩石が溶ける。これがマントル物質を溶かす。溶けたマントル物質はマグマとなり、マントル内を上昇し、やはり大陸地殻の底にくっつく。このようにして大陸地殻は、もぎ取られた破片やマグマを食べて、しだいに太っていくのである。

　これらが底に付加され地殻が厚くなると、地殻はなぜ持ち上げられるのか。地殻を構成する物質はマントル物質より軽い。そのため地殻には浮力が働く。地殻が厚くなると、浮力も大きくなるために上方へ強く浮き上がろうとする。

　これは、コップに入れた氷が水に浮くようすを想像すればよい。氷が大きいほど、水面上に出る部分は高くなる。このとき、その氷は水面下の部分も長いはずだ。水と氷の比重から考えると、氷の体積は水面上より水面下の方が10倍以上ある。「氷山の一角」といわれるゆえんはここにある。地殻物質とマントル物

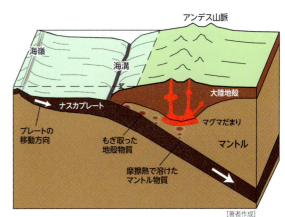

[著者作成]

図❶　プレートの沈み込みによる地殻変動

写真❷　冷涼帯の雲霧林（標高3000mのパタテ近郊，2008年）とうもろこし畑が尾根上まで続く。上部は霧におおわれる。

との密度比は，水と氷との比とほぼ同じなので，地上の膨らみの下には，その10倍にもおよぶ厚さの地殻が存在していることになる。つまり，地殻が地下で「太る」と，より高く地上に浮き上がるのである。この大陸地殻のメタボ作用が，南アメリカ大陸西縁に沿って延々と続くために，長大なアンデス山脈がつくられた。

＋アンデスの高山帯

　この大山脈の中に人々が住みつき，集落がつくられた。ペルーのマチュピチュは標高2500m，エクアドルの首都キトは標高2800mの山岳都市である。これらの高度はアンデスの温暖帯とよばれ，適度な降雨と常春の気温が特徴である。比較的ゆるやかな地形にも恵まれるため大規模な耕作に適し，各高度帯の中で最も人口密度が高い。その上部は冷涼帯とよばれ，低地からの温かい風が山地の冷たい空気に触れることで，霧が多く発生する（写真❷）。その湿気を利用し，小麦，大豆，とうもろこし，じゃがいもなどの温帯作物が栽培されている。さらにその上部は降霜帯とよばれ，森林限界高度をこえた湿性草原となっている。ここは天然の牧場であり，牛やリャマが放牧されている（写真❸）。

　この高度帯による気候の違いを巧みに活かし，人々は収穫物をほかの集落の産物と交換することで暮らしを営んできた。暑熱帯とよばれる海岸沿いやアマゾン側の低地は，スペイン人の入植後でこそ，カカオやバナナのプランテーションのために一部が開拓されたものの，もともとは農業に適さず，したがって生活の場にはならなかった。

＋アンデスの災害と地下資源

　アンデスに暮らす人々は，薄い空気には赤血球濃度を高く維持できる体に

進化させることで順応し、強い紫外線にはツバの広い山高帽子やポンチョで身を守ることで対処している。ところが山中での暮らしは、ときに自然災害からの打撃を受ける。

アンデスには標高の高い活火山が多い。5000m以上の活火山は181を数え、そ

写真❸　降霜帯の湿性草原(標高3600mのラドルミーダ谷，2008年)
牛，羊，リャマなどの家畜が放牧されている。

のうち32は6000mをこす。氷河を抱く山の場合，噴火すると複合的な被害がおこる。ペルーの最高峰ワスカラン山(標高6768m)では，1970年の地震で山頂部が大崩落した。氷河や雪も加わった時速300kmの土石流が14km離れたユンガイの町を襲い，2万人近い犠牲者が出た。またコロンビアのルイス山(標高5321m)での氷底噴火による泥流被害もあった(→p81)。

一方で活発な地殻変動は，地下資源の恵みももたらす。岩石の割れ目に入り込んだマグマが冷えていく過程で，金・銀・銅・鉄鉱石・モリブデンなどの火成鉱床が形成された。銅の産出量は，チリ1国で世界全体の31%(2014年)を占める。また，石油もこの地域の重要な地下資源として欠かせない。エクアドルでは19世紀後半から油田開発が始まり，現在では総輸出額の約50%が石油関連となっている。1973年にはOPECにも加盟を果たし，1993年にいったん脱退したものの，2007年には再度加盟して現在にいたっている。

エクアドルは2008年に国家の債務不履行という事態におちいり，経済が混乱した。しかし，山中の人々の暮らしに変化はみられない。アンデスの民は，山の上だからこそ地に足の着いた生活ができることを我々に教えている。

 A　アンデスの民が山に暮らすのは，強い紫外線や薄い空気に適応し，高度帯による気候の違いを活かし生活の糧を得ているから。

33 海岸になぜアルパカがいる!?
パタゴニアの自然

Q アルパカといえばアンデスに棲む家畜である。リャマやビクーニャとともに、ふさふさの体毛で寒さをしのぎ、アンデスの高地に適応する。ところが南アメリカ大陸南端のパタゴニアでは、海岸沿いでも見られる（写真❶）。パタゴニアでは、高山にいたはずのアルパカがなぜ、海岸にいるのか。

写真❶ アルパカ
（チリ・フエルテブルネス，2013年）
遠景はマゼラン海峡である。南アメリカ大陸の南端は海洋性気候で気温の年較差が小さいため、亜熱帯気候は存在せず、温帯と寒帯が接する。アルパカは高山気候だけでなく、このようなツンドラ気候にも適応する。

＋パタゴニアの自然

　パタゴニアは、南アメリカ大陸の南緯40度以南の地域をさす。アンデス山脈を境に、西側は氷河とフィヨルドが卓越する複雑な地形、東側は広大な平原となっている。降水量は山脈の西側で多く、東側は乾燥した気候となる。

　このパタゴニアの自然を決定づける最大の要因は偏西風である。南緯50度以南になると、南極大陸にいたるまでの緯度帯にはほかに大陸はなく、風が遮られないため、偏西風が強風のままパタゴニアに吹きつける。この地域に卓越する南極ブナは背を低くし、偏形樹となる（写真❷）。

　またこの強風は、パタゴニアに氷河ももたらす。偏西風が山脈にぶつかり、降雪となって氷河を涵養する。パタゴニアの氷河は温帯にあり、なおかつ豊富な降雪量のため、流動速度が大きい特徴がある。南緯47度にある南アメリカ大陸第2の規模のエクスプロラドレス氷河では、2003〜04年の1年間で最大137mの流動が観測された。1日当たり38cmとなる。氷河の流動速度は、氷が厚く、氷の温度が高く、氷河の底に水流が多いほど大きくなるが、近年の温暖化を反映してパタゴニアの氷河の流動は速くなっている。氷河の涵養域と消耗域の境界線である平衡線高度も、1975年に1250mだったものが2003年には1470mへと上昇した。つまり、温暖化の影響でパタゴニアの氷河も他地域と同様、縮小に向かっている（写真❸）。

写真❷　**南極ブナ**（パイネ山群，2013年）強い偏西風の影響で枝が風下側（写真右側）だけにつく偏形樹となっている。パタゴニア南部のパイネ山群に優占分布する南極ブナは、モミのように見えるが広葉樹であり、ここが世界の南限となる。

写真❸　**氷山**（パイネ山群，2013年）グレイ氷河から分離した氷山がグレイ湖の湖面を漂流する。強風に乗って15kmを1日で移動してきた。

写真❹　マゼランペンギン
（マゼラン海峡マグダレーナ島，2013年）例年9月から4月まで営巣し，地面に掘った巣穴で子育てをする。親鳥が交替で海へ出かけ，ヒナにエサを与える。

✚ アルパカの棲むパタゴニア

　地球温暖化も人間活動の結果としておこった変化であるが，パタゴニアでは人間活動により生物相にも大きな変化がもたらされた。6000年前からフエゴ島西岸で暮らしていた先住民族のカウェスカル族は，自然と一体化した持続可能な生活をおくっていた。ところが1520年，マゼラン一行が世界周航の途上この地を通ったことで，マゼラン海峡はヨーロッパ人探検家の知るところとなり，海峡一帯は航海士たちの食料補給地として利用される。その格好の食料となったのが，マゼランペンギンだった。ここに生息していたマゼランペンギンは，1914年にパナマ運河が開通するまでここが船舶交通の要衝となったことで，その数を激減させていく。現在では，保護活動により一大繁殖地のマグダレーナ島だけで15万羽以上となり，夏季に観光客を迎え入れるまでに回復している（写真❹）。

　マゼランペンギンは数を回復できたが，カウェスカル族をはじめとするパタゴニアの先住民族は，新たに入植したスペイン人を中心とするヨーロッパ人にことごとく駆逐された。ヨーロッパ人は，家畜として馬・牛・羊・山羊などを導入したことで，アンデス一帯で先住民族が家畜としていたリャマやアルパカも減少し，地域によっては消滅した。

　リャマとアルパカは，先住民の生活にとって欠かせない家畜だった。肉や脂肪が食用となり，血液も腸詰めとして食される。皮は皮紐にされ屋根材の固定などに利用される。糞は重要な燃料であり，また肥料として農民との物々交換に用いられる。搾乳はせず乳は利用されることはないが，リャマは荷駄用として重要であり，アルパカの毛は良質な織物の原料として先住民の生活をささえた。

　リャマもアルパカも，ヨーロッパ人の入植以前は現在より広い範囲に分布

アメリカ大陸・オセアニア

写真❺　ポンチョ（2014年，授業にて生徒撮影）アルパカの長く丈夫な毛が密に織り込まれ，とても暖かい。チリのプンタアレナスで入手し授業で着用したところ，汗をかくほど暑くなった。

していた。リャマはコロンビア，エクアドル，ペルー，ボリビア，チリ，アルゼンチンの海岸沿いから高山帯まで広く分布し，アルパカの原種とされるビクーニャも，アンデスの高地から麓まで広く生息していた。アルパカのふさふさの毛や前髪の伸びた姿は，高地特有の寒さや強い紫外線から身を守るのに好都合だった。標高が低くてもパタゴニア南部のようにツンドラ気候となる寒冷な地域には適応できる。アンデス全体としては，先住民の減少とともに放牧地を縮小させたが，毛の商品取引の拡大によってパタゴニアの海岸沿いでも飼育されるようになったのである。アルパカは現在，ペルーで300万頭，ボリビアで30万頭，チリとアルゼンチンではわずかであるが飼育され，その毛が強靭で保温性に優れ，肌ざわりのいい良質なものとして，衣服やじゅうたんなどに加工される（写真❺）。

✚距離をこえたチリと日本のつながり

　チリは日本の遠くにありながら，実は日本と自然的にも社会的にもつながりが深い。アルパカの毛と並んでチリで重要な産出品に，銅とぶどうがある。銅鉱は，銅地金を含めるとチリの総輸出額の約50％を占め，日本にも多く輸出される。また地中海性気候下で栽培されるぶどうは，おもにワインに加工され，チリ産ワインとして日本でもなじみ深い。さらに，チリ沖の海底地震によって発生する津波が日本を襲うことがよくあり，そのたびにチリと日本が太平洋を挟んだ「隣国」であることにあらためて気づかされる。

　最近では，アルパカも日本に導入されている。アニマルセラピーとして，施設慰問や病気療養に活用され，その笑顔のような表情ともふもふの毛が多くの人に癒しを与えている。アルパカは今やパタゴニアの海岸沿いだけでなく，海を渡って遠く日本にも進出しているのである。

　海岸にアルパカがいるのは，パタゴニア南部の寒冷な海洋性気候がアンデスの高山と似た環境であり，適応できたから。

34 沸騰する海がある!?
ハワイの火山地形

  アメリカ・ハワイ島の沿岸に沸騰する海がある。その海面からは水蒸気が轟音とともに勢いよく立ちのぼる（写真❶）。いくら常夏の島ハワイでも，強い日射だけでまさか海水は沸かない。いったいなぜ海が沸騰するのだろうか。

✚ホットスポットにあるハワイ

　ハワイ諸島は大小100以上の島からなる。その島々は，南東端のハワイ島から北西方向へ列をなして分布する。これは北西方向へ移動する太平洋プレートと，その中にあり，不動点として火山活動を続けるホットスポットの存在を示している。ホットスポットとは，マントル内にあるマグマが地表付近のプレートを突き破って湧き上がってくる部分のことで，アメリカ・イエローストーンやカナリア諸島など，地球上に10か所以上ある。

　これらの中でもハワイのホットスポットは火山活動が特に活発だ。これは，太平洋プレートが広大なためである。大きなプレートの下では地球内部の熱がこもってしまう。その熱が岩石を溶かしマグマをつくる。マグマは浮力で上昇しようとする。この上昇しようとする圧力がハワイ周辺に集中しているのである。

　この現象を台所で再現してみよう。鍋を火にかけてみる。底で熱せられた水は上昇し，冷たい水は下降する対流がおこる。この上昇流がマグマである。

アメリカ大陸・オセアニア

写真❶　ハワイ島キラウエア山プウオオ火口近くの海面(2008年)
海水を沸騰させているものが見える。

いま，この鍋に蓋をする。熱せられた湯の蒸気により，内部の圧力が上昇する。さらに熱し続けると，圧力の高まった蒸気は出口を求めて噴き出す。圧力鍋のような蒸気口が限られた鍋を使えば，その勢いの激しさを実感できる。この場合の蓋がプレート，蒸気の噴出が火山の噴火にあたる。

　火山の噴火により太平洋の真ん中に群島ができた。これらの島は，年8cmのスピードで移動する太平洋プレートのベルトコンベアに乗ってゆっくりと北西に移動している。プレートが移動してもマントル内のマグマの位置は不動のため，南東部に次々に新しい島が誕生する。つまり，ハワイ諸島では，南東端にあるハワイ島から北西方向の島に向かって，その形成年代が古くなる。マウイ島で100万年前，オアフ島で400万年前，カウアイ島で600万年前，5600km離れた北西太平洋海山群（天皇海山群）の北西端にある明治海山では7000万年前の形成となる。

　なお太平洋の地図を見ると，ハワイ諸島からミッドウェー諸島までの島嶼列と，北西太平洋海山群の列の方向が，お互いに屈曲していることがわかる。前者は西北西の方向に並んでいるのに対し，後者は北北西方向に並んでいる。これは，太平洋プレートが約4300万年前に，その移動方向を北北西方向から西北西方向へ変えたことを示している。

✚ さらさら溶岩がトンネルをつくる

　ハワイがホットスポット上にできた火山の島とわかれば，「海が沸騰する」のは溶岩に関係していると予測するのは容易だろう。では，海底に噴出する溶岩が直接，海を沸騰させているのだろうか。ところが海中では枕状溶岩がつくられるばかりで，海面に水蒸気を噴き上げるほど海水全体を熱することはできない。それでは地上に噴出した溶岩が地表を流れて海に達するため

34｜沸騰する海がある!?　　　149

写真❷　キラウエア山(1222m，2008年)
キラウエア山はマウナロア山の山腹にできた寄生火山である。キラウエアカルデラの中で噴煙を上げているのはハレマウマウ火口で，これらを含むマウナロア山一帯は世界自然遺産に登録されている。

写真❸　サーストン溶岩トンネル(2008年)
約500年前に形成されたもので，内部を見学できる。

だろうか。これも違う。ハワイ島の山腹には，溶岩が地表面をつねに流下しているようすは見られない。ただキラウエア山の火口付近で溶岩の流出が見られるだけである。キラウエア山(写真❷)は現在，ハワイ島で最も活発に活動している火山である。1983年1月には，火口から流れ出した溶岩が189戸を飲み込みながら海岸に達し，新たに2.8km²の土地をつくった。その後も現在まで溶岩を流出させ続けている。

　溶岩が海を沸騰させるのは，その粘性にカギがある。ハワイ島の溶岩は玄武岩質のため，粘性が低い。粘性の高い安山岩質溶岩の場合には，日本で見られるような爆発的な噴火がおこる一方，玄武岩質溶岩では溶岩がさらさらと出てきて流れる。キラウエアの火口から流出した溶岩は，大気に触れ，急激に冷やされる。すると溶岩は固まる。このとき，固まるのは大気に触れている表面部だけで，その下層は熱いままである。そのため下層では溶岩が流れ続ける。ここに溶岩流のトンネルができる。この溶岩トンネルが海までつながると，溶岩は地上にあらわれることなく直接海に達することになる。静かに流れていた溶岩が海に落ちた瞬間，爆発がおこる。1000℃をこえる熱で海水を瞬時に沸騰させるのである。

　キラウエアの火口近くでは，今は流れていない溶岩のトンネルをみることができる(写真❸)。

✚ 生まれる島あれば 消える島あり

　さらさらと流れるハワイの溶岩は，なだらかな山体をつくる。ハワイの言葉で「長い山」を意味するマウナロア山(4170m)は，山腹の傾斜が最大でも

アメリカ大陸・オセアニア

写真❹　マウナケア山
（4205m，2008年）
陸上に出ている部分は，マウナケア火山体の全体積のうち，わずか11％にすぎない。北東貿易風地帯にあるため降水量が多く，冬は雪におおわれる。マウナケアはハワイの言葉で「白い山」の意。

わずか12度しかない。そのためすそ野の広がりは大きく，単体の火山として世界最大の体積をもつ。隣接するマウナケア山もやはりなだらかな山容を見せるが，その標高は4200ｍをこえる（写真❹）。ハワイ島の周囲は深さ約5400ｍの深海底なので，マウナケア山は海底から実に1万ｍ近い高さでそびえていることになる。

　キラウエア火山の南東方の海底では，すでに次の島をつくる活動が始まっている。「ロイヒ」と名のつく海山がしだいに盛り上がりつつあり，6万年後には海面に顔を出すといわれている。逆にホットスポットから離れつつある島々は侵食が進み，海面下に没しつつある。オアフ島などの主要8島を含む19島を除き，ほとんどの島はわずかに環礁として残るだけの姿となった。その環礁群も北に移動するにつれて海水温が低下することで，造礁サンゴの成長が鈍り，侵食に抗えなくなり，やがて海中に没する。

　地球の息吹を身近に感じることができるハワイ。ワイキキビーチ（写真❺）は今でこそ観光客で沸いているが，もとはマグマで沸く海だったのである。

写真❺　ワイキキビーチ（オアフ島，2016年）
オアフ島の南側に位置し，北東貿易風の風下側にあたる。そのため波が穏やかで砂浜が発達し，また晴天率が高い。これらの条件がそろい，多くの観光客を迎える一大ビーチリゾートとなっている。

　沸騰する海があるのは，今も火山活動を続けるハワイ島で溶岩が海に流れ出るときに，その熱で海水を沸騰させるから。

35 火に耐える木がなぜある!?
オーストラリアの植生

Q オーストラリアには，火に耐える木がある。いたるところに山火事の跡が見られるが，そのすぐそばで森が生き生きと茂っている（写真❶）。たび重なる山火事に，なぜ森の木々は死なないのか。

写真❶　山火事の跡（オーストラリア・コジウスコ国立公園，2011年）
グレートディヴァイディング山脈の標高500〜1500mにユーカリの純林が見られる。

アメリカ大陸・オセアニア

＋グレートディヴァイディング山脈の植生

　山火事が多発する森は、グレートディヴァイディング山脈の南端部にある。グレートディヴァイディング山脈は、オーストラリア東海岸に沿って3500kmあまり延びる長大な山脈で、東側のタスマン海へ向かう水流と、西側のグレートアーテジアン（大鑽井）盆地やマレーダーリング盆地へ向かう水流との大分水嶺をなす。この山脈の南端部は、特にオーストラリアアルプス山脈とよばれ、オーストラリア大陸の屋根となっているが、概して山容はおだやかであり、最高峰のコジウスコ山でも標高は2229mしかない。

　この地域で山火事が多いのは、乾燥のためである。高原地帯に位置するキャンベラでは夏に雨季をむかえるが、それでも2月の降水量は54mmに限られる。道路沿いには山火事防止を啓発する乾湿度計が数多く設置されており（写真❷）、山火事が人の暮らしの身近な脅威であることがわかる。

写真❷　乾湿度計による山火事注意標識（ヴィクトリア州アルバリー近郊、2011年）乾湿度計の目盛りが山火事発生の危険度をあらわしている。「CATASTROPHIC」になると火災警報が発令され、火気の屋外使用が禁止される。

写真❸　ユーカリの木（キャンベラ市内、2011年）樹液に油分を多く含むため粘り気があり、ガムツリーとよばれる。

　乾燥は、たしかに山火事発生の大きな要因である。しかし、オーストラリアアルプスの森には、そのほかにも重要な誘因がある。

＋火をよぶ木　ユーカリ

　オーストラリアアルプスの森を構成する木は、おもにユーカリ（写真❸）である。ユーカリは、火と共生して生きている。木が繁茂するためには、土壌に栄養分が必要だが、この地域では乾燥のため微生物のはたらきが弱く、土

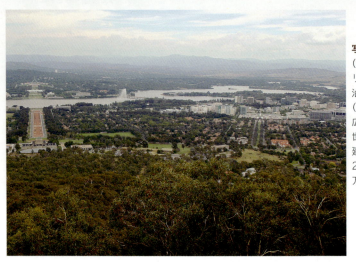

写真❹ キャンベラ市街
（標高843mのエインズリー山より，2011年）政治地区（左）と商業地区（右）がそれぞれ放射状に広がる。キャンベラは20世紀になってから計画・建設された計画都市で，2013年現在，人口41.8万で全国8位である。

壌に腐植分が乏しい。その貧栄養土壌で生きるため，ユーカリは自らの葉や樹皮を毎年，地面に落とし，それを燃やす。その灰を養分にするのである。

ユーカリは自分で火をつけない。そのかわり火を招き寄せる。葉や樹皮の油分を，光合成によって蒸発させ，自然発火をうながすのである。ユーカリの葉や樹皮には油分が多く，そこから立ちのぼる引火性のガスが一帯の森をおおう。ここに夏の高温，落雷，風でこすれあう枝の摩擦などがきっかけとなり，山火事が発生する。シドニー西方のブルーマウンテンズ地域は，ユーカリが出す霧状の油分が太陽に輝き，山々が青くかすんで見える。そこからブルーマウンテンズと名づけられた。

火と共生するとはいえ，自身が燃えつきてしまっては再生できない。そこで，厚い樹皮と，燃えにくい幹をもつようになった。樹皮が焦げ落ちても，すぐに若葉が出てくる。仮に完全に燃えつき枯死してしまっても，再生は早い。あらかじめ地面に落としておいた実が，火であぶられることで硬い殻からはじけ飛び，次の生命につながる。こうして，ほかの植物が焼きつくされる地域でも，ユーカリは繁茂することができるのである。

✚森の都 キャンベラ

ユーカリといえばコアラの好物だ。コアラはユーカリの葉だけを食べる。ユーカリの葉には青酸などの毒があるが，その葉をコアラは長い盲腸を使って繊維質と有害な成分とに分離し，消化している。コアラは1700年代末からのイギリス人入植後に毛皮目的で乱獲され，その数を大きく減らした。オ

アメリカ大陸・オセアニア

図❶　キャンベラ郊外の衛星住宅地区　自然との調和を考え，住宅地が計画的に不規則配置されている。薄いグレー部はおもに森をあらわす。小川の両側を自然保護地区に指定して森の回廊とすることで，動物にとっての移動経路を確保している。

写真❺
カンガルー・ウォンバット注意の標識(キャンベラ郊外，2011年)

ーストラリア固有の貴重な動物として，現在は手厚く保護されている。

　このコアラの棲む森を切り開き，建設した都市が首都キャンベラである。キャンベラは，首都選定をめぐるシドニーとメルボルンとの折衷として，両都市のほぼ中間地点に建設された。人造湖のグリフィン湖を挟んで，政治地区と商業地区に分かれ（写真❹），さらに郊外に向かって住居用の衛星地区が計画的に配置されている。1914年にアメリカの建築家グリフィンが渡豪し，都市の建設を始めた。1964年にグリフィン湖の完成をみて，現在の都市景観にいたる（図❶）。

　森を切り開いて建設したとはいえ，その景観は自然と見事に調和している。道路や建物は森に融け込み，動物が街中も移動できるよう森の回廊が確保されている。そのため回廊を横切る道路には，多種類の動物横断注意標識が並ぶ（写真❺）。山火事と共生するユーカリの生命力に対し，人は圧倒され，自然の営みに謙虚となる。そんな人と自然の接し方の理念を，キャンベラの都市景観から読み取ることができる。

　火に耐える木があるのは，ユーカリが火に耐える樹皮をもち，万一焼けても火にあぶられた実が発芽し，再生するため。

35 ｜ 火に耐える木がなぜある!?

36) 乾燥の大陸でなぜ水力発電ができる!?
オーストラリアの自然開発

Q オーストラリア東部のグレートディヴァイディング山脈西麓は，人の気配のない自然のままの地域が広がる。この森の中に，大規模な水力発電所がある（写真❶）。オーストラリアといえば乾燥気候が国土の70％を占め，極度に乾燥した大陸というイメージだ。大量の水を必要とする水力発電が，グレートディヴァイディング山脈の西麓ではなぜ可能なのか。

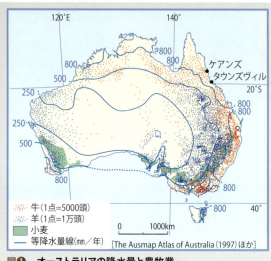

図❶　オーストラリアの降水量と農牧業

写真❶　マレー第一水力発電所（オーストラリア・ニューサウスウェールズ州，2011年）水圧鉄管の長さは1560m，水量は毎秒243t，発電能力は95万キロワットあり，大規模な水力発電である。朝夕の需要ピークに合わせて稼働している。

✚ グレートディヴァイディング山脈の気候

　乾燥したオーストラリアにおいて，大陸東岸は比較的降水が多い。特に東海岸の北部では，夏に熱帯収束帯の勢力圏に入るため，毎日のように夕立ちがある。ケアンズでは，雨季にあたる12〜4月に，降水量は各月とも400mmをこえる。

　2011年2月初旬に発生した超大型サイクロン「ヤシ」では，タウンズヴィルなどに大きな被害が出た。ヤシは，上陸時の気圧が924hPa，風速が80m/sに達し，オーストラリアの観測史上，最大規模のサイクロンだった。なお，オーストラリア周辺で発生する熱帯低気圧は，かつては「ウィリーウィリー」と日本でよばれたが，現在は現地の呼称にしたがい「サイクロン」に統一されている。

写真❷　**地下水を汲み上げる風車**（ニューサウスウェールズ州クーマ近郊，2011年）揚水の動力源として，かつて風力が使われていた。

写真❸　**メリノ種の羊**（ヴィクトリア州アルバリー近郊，2011年）メリノ種の羊は乾燥に強く，質の高い羊毛が取れる。

　東海岸に沿って延びるグレートディヴァイディング山脈を西側にこえると，乾燥した気候となる。マレーダーリング盆地はステップ気候で，アデレードの降水量は年間で450mmしかない。この少ない降水にもかかわらず，マレ

ーダーリング盆地は穀物の一大生産地となっている。ここではなぜ畑作が可能なのか。

✚ スノーウィーマウンテンズ計画

　水力発電や畑作ができる理由を考えるとき，山脈両側で降水量に大きな違いがあることがカギとなる。山脈の東側では，降水が多いため河川の流量も多い。しかしその河川は，海までの距離が短いため，水はほとんど利用されないまま海に達してしまう。一方，降水の少ない西側では，山地の多雨地帯を水源とするいくつかの河川が，乾燥地帯を貫流するものの，その流量はマレーダーリング盆地の広大な土地をうるおすには足りない。

　マレーダーリング盆地では，もともと牧羊が盛んだった。わずかな地下水をたよりに，おもに乾燥に強いメリノ種が放牧された（写真❷・❸）。現在でも，オーストラリアの羊毛生産量は世界全体の17％を占める（2013年）。この牧羊業中心のマレーダーリング盆地に大きな変化をもたらしたのが，スノーウィーマウンテンズ計画である。

　スノーウィーマウンテンズ計画とは，グレートディヴァイディング山脈の東側を流れるスノーウィー川にダムをつくって取水し，その水を地下トンネルで山脈西側に引き，そこでの落差を利用して発電する。発電使用後の水はマレー川に流し，さらに灌漑に利用するという開発計画である（図❷）。1950年に着工され，16基のダムと七つの水力発電所の稼働をもって1974年に完成した。発電能力は380万キロワットで，当時のオーストラリアの電力市場の11％を担った。

　水力発電で使用する水は，合計で年間2360ギガリットルにのぼり，毎秒7万5000リットルの水がマレー川流域に供給されている計算になる。この

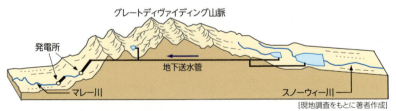

[現地調査をもとに著者作成]

図❷　スノーウィーマウンテンズ計画
山脈下の地下送水管で東側から西側へ水を運び，発電と灌漑に利用している。

アメリカ大陸・オセアニア

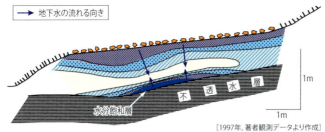

図❸　北海道・大雪山における地中の水分状態
土壌水分が豊富なのは不透水層上面付近および地表面付近であり、そこから水分の少ない層に向かって（矢印方向に）地下水が移動する。地中に形成された水分飽和層から毛細管現象により上向きの流れが発生した。

豊富な水量を灌漑に使えるようになったため、マレーダーリング盆地は大規模な畑作が可能となったのである。オーストラリアの小麦生産量は世界全体の3.2%を占め第9位、農業従事者1人当たりの農地面積は880haで、日本の3.7haと比較してきわめて大規模なことがわかる（2013年）。

✚土地の塩類化

スノーウィーマウンテンズ計画により開発された農地では、現在、土地の塩類化が進んでいる。土地の塩類化とは、塩分が表土に集積する現象である。乾燥地域で灌漑を行うと、水はいったん地下に浸透する。ところが、乾燥した気候のため、その水分は地表に向かって上昇してくる（図❸）。水が土層中を上昇するとき、土壌にもともと含まれていた塩分を取り込む。塩分を含んだ水が地表に達すると、水分だけが蒸発し、塩分は表土に残される。こうして表土に塩分が集積していく。運動をして汗をかいたあと、顔や衣服に塩が出ていることを想像するとよい。土地の塩類化が進むと、農耕が不可能となる。このような塩害を防ぐためには、根の部分だけに注水する点滴灌漑や適切な排水などの工夫をする必要がある。日本のような湿潤地域では、土地の塩類化の問題は実感しにくいが、オーストラリアなど世界の乾燥地では、農耕にあたって大きな課題となっている。

このような塩害の問題はあるにせよ、スノーウィーマウンテンズ計画は国土と地域の特性を活かした自然開発の好例といえよう。水資源の確保が世界的に重要な課題となるこれからの時代、地域開発の参考にできそうだ。

　乾燥の大陸で水力発電ができるのは、小麦増産の目的も兼ね、山脈をつきぬけて水を流す地下送水管ができたから。

37) 風の谷になぜアボリジニは住む!?
ウルル（エアーズロック）の地形

Q Valley of the Winds（風の谷）がオーストラリア中央部にある（写真❶）。風が谷の岩壁を撫でると，その表面の凹凸で様々な音階が生まれ，深い谷の中で共鳴し合う。まるで風の精霊が，太古からここに住む先住民，アボリジニと対話しているようだ。風の谷になぜアボリジニは住むのか。

写真❶ 風の谷（オーストラリア・カタジュタ山，2015年）カタジュタは標高1069m（地表から546m）で，ウルルの標高867m（地表から348m）より高い。その岩体の狭間に風の谷がある。

アメリカ大陸・オセアニア

写真❷　カタジュタ(2015年) 英語名ではオルガ山という。カタジュタの岩体は，ゴンドワナ大陸からアフリカ大陸，南アフリカ大陸，インド亜大陸，さらにオーストラリア大陸が分かれて現在の大陸分布となる間に地表に露出した，砂岩層の残丘地形である。

✚風の谷の成因

　風の谷は，オーストラリア・ノーザンテリトリーのカタジュタ（オルガ）山にある（写真❶）。カタジュタは，ここに住むアボリジニのアナング（Anangu）族の言葉で「たくさんの頭」を意味し，丸みを帯びた巨岩がいくつも重なり合って，一つの大きな山塊を形成している（写真❷）。約50km東方にあるウルル（エアーズロック）の一枚岩とは対照的に見えるが，双方はU字型に褶曲した一枚の地層の両端が地表上に現れたもので，地下でつながった一つの岩体といえる。

　カタジュタはどのようにできたのか。これには5億4000万年前，先カンブリア時代という太古の歴史をひもとく必要がある。この時代，オーストラリアはゴンドワナ大陸の一部をなし，南極付近にあった。このとき，大陸上には氷河が発達していた。氷河は流動しながら周辺の岩石を削り取り，細かく砕く。砕かれてできた砂は，氷河から流れてくる水流で運ばれ，海底に堆積していった。その厚さは，最大で1万mにも達する。

　その時に形成された砂岩層が，いまもオーストラリア大陸の中央部に存在する。その一部が隆起して地表に露出したのが，カタジュタやウルルである。

37 ｜ 風の谷になぜアボリジニは住む⁉

砂岩層の中の軟らかい部分が侵食され，カタジュタの谷ができた。つまりこれらの地形は，氷河の賜といえる。このように，氷河にかかわって生まれたカタジュタであるが，現在は氷河とはほど遠い，乾燥した灼熱の大地にある。ここにアボリジニが住むようになったのはなぜか。これには風の谷に湧く水がかかわっている。

✚ 風の谷に湧く水

　オーストラリア中央部は砂漠気候下にあるが，カタジュタから東に500kmのアリススプリングスでは，年降水量は320mmほどある。この降水は，しとしと降る雨ではなく，サイクロンが内陸まで入り込んできたものや，局地的に発達した積乱雲がおこす豪雨によるものが多い。水は土壌にしみこむ間もなく地表にあふれ，たちまち平原の窪みには水がたまる。カタジュタやウルルの表面では，水流が滝となって落ち，そこに滝つぼができる（写真❸）。滝つぼの池は野生動物の貴重なオアシスとなる。このオアシスは，アボリジニにとっても神聖な水場だ。平原の水はすぐ引いてしまうが，この池は涸（か）れることがない。湿った環境となる周囲には木が茂り，木の枝を風が揺らす。

　湿った環境は岩盤の風化を促進し，洞穴（どうけつ）をつくる。この水辺の洞穴に人が住み着いた。男は風に乗ってくる動物のにおいを頼りに狩りに出かけ，女は風に揺れ落ちた木の実を拾う。何万年もの間，アナングの人々は，この自然を巧みに利用して暮らしていた（写真❹）。

　ところが，この平和な暮らしは突然，武器を持った巨漢に破壊される。多くのアボリジニは戦いに敗れ，神聖なこの土地を追われた。この巨漢とは，イギリスからの植民者である。

写真❸　ウルルのカピムティジュル
（2015年）　ムティジュル池の意。英語名ではマギースプリングス。アナングの言い伝えによると，ここに住む巨大なヘビが水をもたらしているとされ，特に神聖な場所としている。地下水に涵養され，水は1年中涸れない。

アメリカ大陸・オセアニア

✦アボリジニとイギリス人とのかかわり

　イギリスは18世紀後半，流刑地としてオーストラリア大陸に入植を開始する。はじめは東海岸沿いだけだった植民地は，次第に西海岸からも広げられ，1828年にはついに全土がイギリスの領有地となる。1850年代にはゴールドラッシュによりアジアからの移民を大量に迎え，人口は急増する。入植者の波は，沿岸部から内陸へ進み，アボリジニの生活との間に軋轢を生むようになった。

　内陸の奥地に探検隊が到達するのは1872年。平原に横たわる巨大な岩体を発見し，当時の上官ヘンリー・エアーにちなんでエアーズロックと名付ける。ウルルはエアーズロック，カタジュタはオルガと，アボリジニの地はその呼び名まで奪われる。1901年にオーストラリアが独立し，第2次世界大戦後その存在が世界に知られると，ここに開発の波が訪れた。多くの観光客は無主地であるかのように歩き，ウルルに登った。見かねたアナングの人たちは，オーストラリア政府に返還を求めるようになる。交渉の末ついに1985年，政府はこの土地をアボリジニの地と認めたのだった。ここに住むアナングは，観光客による入園料の25％と，年間使用料として15万ドルを受け取る契約を結び，ウルル近くの居留地から見守ることとなった。

　現在，アナングの人たちは伝統的な暮らしを維持しながらも，観光客相手に民芸品を売ったり，自動車で町に買い物に行ったりと，文明社会とうまく共存している。しかし今もカタジュタやウルルに一歩入れば，彼らの聖地にいることに変わりはない。「ここは私たちアナングにとって特別な地。静かに歩いて」と看板が立つ。谷に吹く風の声は，観光客にここが彼らの地と教える掲示であり，アボリジニの古来からの生活の糧を教える啓示でもあったのだ。

写真❹　**ウルルの洞穴内にある壁画**（2015年）水場のほとりに人が隠れ，エミューやカンガルーなどを狙っている様子が描かれている。文字をもたないアボリジニのアナング族は，このような壁画で狩猟の方法を子孫に伝えた。

 風の谷にアボリジニが住むのは，谷の洞穴で，水辺に茂る樹木や集まる動物を目当てにした狩猟採集の生活を営むため。

ペンギンはなぜ南半球だけにいる⁉
ニュージーランドの動物地理

Q 世界中で人気者のペンギン。日本全国に約150ある水族館と動物園のうち、およそ3分の2の施設で計2400羽以上のペンギンが飼育されている。水族館でも動物園でも見られる動物は、ほかにはあまりいない。このような人気者のペンギンも、野生では北半球にはいない。南極で暮らせるなら北極にいてもよさそうだ。なぜペンギンは南半球だけにいるのか。

写真❶ キガシラペンギンの親子（2007年）キガシラペンギンは、ニュージーランド南島とアンティポディーズ諸島だけに生息する。学名にもなっている「アンティポディーズ」は対蹠点の意で、この諸島がロンドンの対蹠点にあたることから名づけられた。

アメリカ大陸・オセアニア

＋ペンギンの生活

　世界に18種いるペンギン。南極の氷雪上で暮らすイメージが強い。確かに南極周辺には多くの種が生息する。しかし，ニュージーランド，オーストラリア，南アメリカ，アフリカ南端などの温帯，さらに熱帯に属するガラパゴス諸島にも生息する種があり，その分布は広範におよぶ（図❶）。

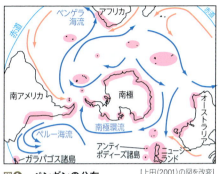

図❶　ペンギンの分布
［上田(2001)の図を改変］
ペンギンの生息地
寒流　　暖流

　ニュージーランドにはコガタペンギン，キガシラペンギン，フィヨルドランドペンギンの3種が生息し，いずれも固有種である。コガタペンギンは最も原始的なタイプで，すべての種の祖となった。朝，巣から出て海へ向かい，1日中，海中を泳ぎ回ってエサを探す。夕方になると上陸してヒナの待つ巣へ戻る。つまり，朝と夕方に海岸を横断する。いかにも不器用な感じに手をばたつかせながらヨチヨチ歩く姿は，人間の目には愛くるしい。しかし，ネズミ，ネコ，イタチなどの小動物にとっては，このときが狙い目だ。ヒナに与えるためお腹にため込んだ魚もろとも捕らえてしまう。ペンギンにとって天敵となるこれらの小動物は，入植者がヨーロッパから持ち込み，帰化して増えたものである。

　人間の生活により個体数の減少を余儀なくされた点では，キガシラペンギン（写真❶）とフィヨルドランドペンギンも同様である。どちらも森のペンギンとして知られ，海岸近くの原生林を営巣地とする。18世紀末から始まった入植者の開拓により，住みかとなる原生林は次々に伐採され，牧草地に変わっていった。それとともに生息地を追われ，現在ではキガシラペンギンは約7500羽，フィヨルドランドペンギンはわずか2500〜3000羽しか残っていない。絶滅危惧種として保護され，個体数の回復が図られている。

＋寒い海にペンギンが多い秘密

　ペンギンはなぜ寒い海が好きなのか。冷たい海水にエサとなるオキアミなどの動物プランクトンが多いためである。冷たい海水に動物プランクトンが豊富なのは，海面付近に栄養分に富む塩類濃度の高い海水があり，ここに植

写真❷　サザンアルプス山脈（ニュージーランド・アオラキ山頂より，2007年）　プレートどうしの衝突で，年1cmずつ隆起している。中央の氷の帯はタスマン氷河で，全長29kmあり，ニュージーランド最長の氷河である。

物プランクトンが大量発生するためである。高塩分海水が海面付近にあるのは，もともと深部にたまっている重い高塩分海水が，海面付近に向かって上昇してくるからである。このような対流がおこるのは，表面付近の海水が冷たいと重いので下降し，その補償として深層から湧き上がる流れがつくられるためである。これを塩熱循環という。したがって，大量のエサを必要とするペンギンは，おもに冷たい海に生息することとなる。

では，赤道直下のガラパゴス諸島にペンギンがいるのはなぜか。ガラパゴス諸島には寒流のペルー海流（フンボルト海流）が流れているためである（図❶）。寒流は塩熱循環によりエサとなるプランクトンが多い。つまりペンギンが生息地を広げられる条件は，エサ場である海が豊かなことが第一であり，気温はあまり関係なかった。

ペンギンは，ペルー海流に乗ってガラパゴス諸島に達したように，ほかの寒流にも乗って広がっていった。ニュージーランド周辺で誕生したペンギンは，南極環流に乗って南極大陸に広がり，さらに南極環流から派生して低緯度へ向かう寒流に乗って各大陸に広がった。ケープペンギンはベンゲラ海流に乗ってアフリカ南端へ，フンボルトペンギンはペルー海流に乗って南アメリカ太平洋岸へ，そしてガラパゴスペンギンは赤道直下のガラパゴス諸島に達した。

ペンギンはガラパゴス諸島の暑さにも適応できたのに，なぜ北半球まで生息地を広げられなかったのか。ペルー海流は赤道をこえずに消えてしまうからである。熱帯の温かい海水はプランクトンが乏しいので，ペンギンはこの海域を渡りきることができなかった。なお厳密にみれば，ガラパゴス諸島のごく一部は赤道をこえており，ここのペンギンだけは北半球にいることになる。

＋日本と似ているニュージーランド

　ニュージーランドは日本とそっくりだ。形だけではない。列島の形成過程や現在の地体構造まで似ている。日本列島の骨格は，超大陸パンゲア（→p.93）から分離したローラシア大陸の縁に堆積した地層が，その後に隆起してできた。それに対しニュージーランドは，ゴンドワナ大陸の縁での堆積，その後の隆起でできた。大陸地殻をもつプレート同士の衝突による地殻変動で日本アルプスの山脈が形成されたのと同様に，インド＝オーストラリアプレートと太平洋プレートとの衝突により，ニュージーランド南島のサザンアルプス山脈が形成された（写真❷）。両山脈とも標高3000m級の主稜線が連なる。ただ，緯度がわずかに違った。南緯40～45度のサザンアルプス山脈の方が高緯度に位置することが，現在でもそこに氷河を残す違いとしてあらわれている。

　サザンアルプス山脈の氷河は，流動速度が大きい。西海岸の標高300mまで下降するフランツジョセフ氷河（全長13km）は，1日4m流動する。世界のほかの氷河と比べて流動速度が大きいのは，氷河上部への降雪量が多いためである。このフランツジョセフ氷河では，1980～2000年までの間に氷河の末端が1km前進した。山脈の東側にあるタスマン氷河（写真❸）で，氷の体積が年4600万㎥ずつ減少し，表面の高さが年1mずつ低下しているのと対照的である。これは，近年，タスマン海の海水温が上昇したことで海からの蒸発量が増え，偏西風がぶつかるサザンアルプス山脈の主稜線西側で降雪量が増えたためである。温暖化によって氷河が拡大する稀な例である。

　海水温が上昇するということは，ペンギンにとっては棲みにくい環境になることを意味する。温暖化がペンギンにとって新たな天敵とならないよう見守っていきたい。

写真❸　タスマン氷河湖（2007年）　氷河末端にできたモレーン堰き止め湖。2007年現在で全長3.7kmあり，氷河末端の後退により年々拡大している。

> **A**　ペンギンが南半球だけなのは，エサの豊かな寒流に沿って生息が広がったものの，寒流と同様に赤道を越えられないため。

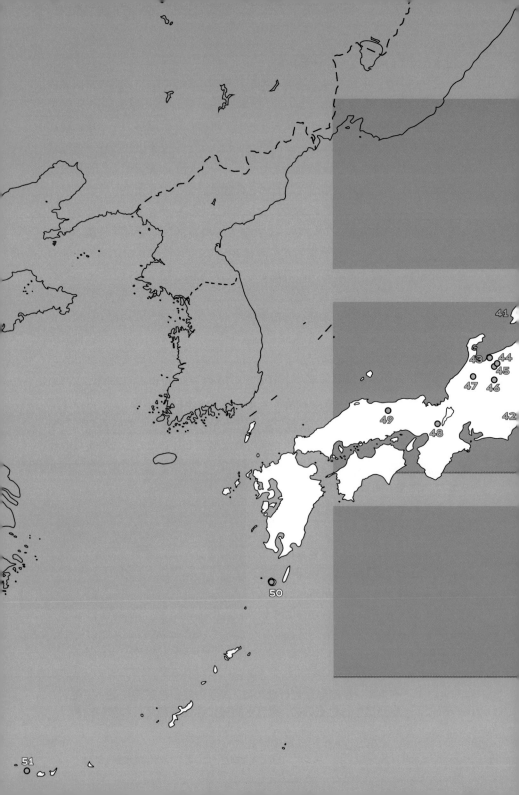

Japan

日本

39	流氷はなぜ押し寄せる!?	知床の生態系
40	「幻の湖」はなぜ出現する!?	日高山脈の氷河地形
41	標高1000mになぜ高山植物がある!?	佐渡島の自然
42	日本に寒帯がある!?	富士山の気候
43	扇央になぜ水田がある!?	黒部川扇状地の水田開発
44	氷河はなぜ剱・立山にある!?	黒部源流の自然と開発
45	岩の山になぜ「窓」がある!?	剱岳の雪と地形
46	ライチョウはなぜ冬山に棲む!?	乗鞍岳の高山環境
47	合掌造りはなぜつくられた!?	白川郷・五箇山の自然と生活
48	伏見の酒はなぜうまい!?	京都盆地の暮らしと水
49	山の上でなぜレンガがつくられる!?	人形峠のウラン採掘
50	温帯の森になぜ落葉樹がみられない!?	屋久島の植生
51	サンゴvsマングローブ どちらが強い!?	八重山の海岸

39 流氷はなぜ押し寄せる!?
知床の生態系

Q 今なお原始の姿をとどめる知床半島。その知床沿岸に広がるオホーツク海は，北半球のなかで流氷が見られる南限の海である。北緯70度をこえるスカンディナヴィア半島北端でも見られない流氷が，北緯44度前後の知床で見られる（写真❶）。知床に流氷が押し寄せるのはなぜか。

＋知床の生物多様性をささえる流氷

知床とは，アイヌ語のシリエトク，「地の果て」の意味に由来する。オホーツク海に60km突き出た半島には，周回する道路がなく，まさに最果ての地である（写真❷）。原生の自然が残り，世界自然遺産に登録されている。川では遡上するサケをヒグマが追い，海岸の樹上ではオオワシがスケトウダラを狙う。この豊かな自然をささえているのが，オホーツク海を埋める流氷である。

写真❶ 流氷（斜里町宇登呂，2012年）知床に渡来する流氷は，北半球で最南端のものである。

写真❷　知床半島の主脈(2011年) 半島の背骨には標高1500m前後の峰が並ぶ。半島を横断する道路は1本しかなく，それも積雪期の半年間は通行止めとなる。写真は海別岳(1419m)山頂から羅臼岳(1661m)方面を撮ったもので，人工物のない景色が広がる。写真右奥には北方領土の国後島が遠望できる。

写真❸　クリオネ(網走市，2011年) 貝殻をもたない軟体動物の無殻類に属する体長2～4cmのプランクトン。翼を広げてふわふわと海中を泳ぐ。全身が半透明で，赤い内臓器官が透き通って見える。

　流氷は冬のある日，音もなく知床にやってくる。一夜にして波立つ海面が白い氷原に変わり，静寂が訪れる。訪れるのは静寂だけではない。流氷とともに大量のプランクトンがもたらされる。アイスアルジーとよばれるこの植物プランクトンは，食物連鎖の基部を担い，知床とその周辺海域の生態系をささえる。つまり，知床の豊かな生物多様性は，流氷の賜といえる(写真❸)。この流氷は，どこで，どのように生まれるのか。

✚流氷が生まれる秘密

　ヨーロッパでは北緯70度でも生まれない流氷が，日本で見られる。これは，大陸の西岸と東岸で気候が違うことに原因がある。ユーラシア大陸の西岸では，大西洋上を吹いてくる偏西風の影響で海洋性の気候となる。大西洋には暖流の北大西洋海流があるため，ここであたためられた風により，ヨーロッパの冬は高緯度のわりに温暖となる。ノルウェー北西岸では，北極圏にもかかわらずナルヴィクなどの不凍港がある。

　一方，ユーラシア大陸の東岸では，夏に高温で冬に極寒となるシベリアの影響を受けた偏西風が吹いてくるため，気温の年較差の大きい大陸性の気候となる。したがってヨーロッパより低緯度の日本で，流氷が見られるのである。

　ところが日本周辺に注目してみると，流氷が見られるのはオホーツク海だ

図❶ オホーツク海の海氷の平年値

写真❹ 海氷の誕生(カムチャツカ半島沖, 2009年) 低塩分層は寒気により凍りやすい。無数の小さな氷の結晶が, しだいに氷板へと成長し, 流氷となって南下する。

けであり, 同じ緯度にある日本海や太平洋にはない(図❶)。オホーツク海を特異な海にしているものは, アムール川の存在である。アムール川はロシアとモンゴルの国境地帯を源流としてオホーツク海に注ぐ大河であり, 長さ4416kmは世界の上位に入る。このアムール川から流れ出す大量の淡水が, 流氷の源となる。

アムール川の流量は, 河口部で年間325km³ある。この水量は, 1年でオホーツク海全体の海水表面の23cmを入れ替える量に相当する。この大量の淡水が, オホーツク海の表層にとどまる。淡水が海中に沈みにくいのは, 塩分の濃い海水より比重が小さく, 軽いためである。こうして海水に塩分濃度の二重構造ができる。塩分の薄い海水が海面近くにあるところに, 大陸からの寒気が吹きつけると, 海水はたちまち凍る(写真❹)。こうして海氷が誕生する。海氷は, 北からの季節風にのり, 流氷となってオホーツク海を南下する。1月中旬から下旬に知床半島に達し, 2月には根室海峡に流れ込む。3月上旬には, オホーツク海の80%を埋めつくすほどまで分布を広げる。

オホーツク海でこれほど流氷が発達するのは, 塩分濃度の二重構造が維持されやすいためである。これは, オホーツク海がカムチャツカ半島や千島列島に囲まれ閉じられた海域であり, ほかの海域との海水の出入りが少ないこと, および平均水深が約1000mと比較的浅く, 海水の上下対流が少ないことによる。海でありながら湖のような環境のため塩分濃度の二重構造が維持され, 海氷が誕生しやすい。

✚厳しい自然と豊かな生態系

　知床の冬は厳しい。流氷がくると海面が閉ざされるため，沿岸は一気に大陸性の気候に変わる。気温はたびたび氷点下10℃を下回る。静寂のなかで，ときおり「キー，キュルル」と甲高い音が響くのは，流氷がお互いにぶつかり，こすれ合って出す流氷鳴きだ。流氷鳴きを聞きながら，漁師は漁網の修繕などで1日をすごす。

　1944年に発生した難破船船長による船員の人肉食事件は，冬の知床が完全に外界と隔絶した世界であることを示す。難破した船から脱出し，雪のなかの番屋で身を寄せ合っていた7人の船員は，寒さと飢えで次々に力つきていく。1人が死ぬと，生き残った者は死者の体から肉を切り出し，食べ合う。最後まで生き延びたのは，船長ただ1人だった。

　知床に厳しい冬をもたらす流氷だが，流氷が去った後は劇的に豊潤な海となる。流氷の下で増殖した植物プランクトンにより動物プランクトンが大発生し，それを求めてサケ，マスなどの魚類(**写真❺**)や，トド，アザラシなどの海の哺乳類が集まる。魚類は川をさかのぼることで陸の生態系を育み，それによって育まれた豊かな森は魚付き林として海の生態系を育む。知床世界自然遺産に登録された範囲が，陸地部分だけでなく海岸から沖へ3kmまでの海上を含んでいることは，知床に陸地と海洋の生態系が密接につながりあった特異な価値があることを示している。北半球で最南端の流氷は，それ自体が生む観光資源としての恵みとは比べものにならないほど大きな恵みを，知床にもたらしている。

写真❺　遡上するサクラマス（羅臼町，1998年）写真中の黒い部分がサクラマスの群れ。知床の河川には，マスが9月頃，サケが10月頃に産卵のため遡上する。産卵後の親の魚は息絶え，ヒグマ，オジロワシ，シマフクロウなど森の生物の糧となる。

 流氷が知床に押し寄せるのは，大陸東岸の低温環境のもと，アムール川の淡水がオホーツク海に供給されるから。

「幻の湖」はなぜ出現する!?
日高山脈の氷河地形

写真❶　七ツ沼カール
(戸蔦別岳より撮影，2007年) カール内にはモレーンの高まりと，それに堰き止められた大小の湖が見られる。右奥は日高山脈の最高峰である幌尻岳。下の地形図中の矢印が撮影方向。

Q 初夏の一時期，日高山脈の主峰・幌尻岳の山頂直下に，七つの湖が出現する(写真❶)。ある日，突然あらわれ，その後急速に消えてなくなる。「幻の湖」とよばれるこの山上の湖は，どのように生まれ，なぜ消えていくのか。

図❶　七ツ沼周辺の地形図

174

➕日高山脈の氷河

　七ッ沼と名のつくこの湖は，北海道・日高山脈幌尻岳（標高2052m）にほど近い。この湖の正体は七ッ沼カールのなかにできたカール湖である。カールとは，稜線の直下にあってお椀を半分に切って置いたような断面形態を示す地形で，谷氷河の最上流部に発達した氷河が，それ自体の回転運動によって山肌を削りとってつくる。カールの底はほぼ平坦か，ときに上流側へ逆傾斜する。氷期が終わって氷河が消えたあと，この逆傾斜した部分や，モレーンがダム状に堰き止めた部分に水がたまると，七ッ沼のようなカール湖が形成される。

　日高山脈に数あるカールのなかでも格段に大きい七ッ沼カールは，幌尻岳から戸蔦別岳へ南北に続く稜線の東側に位置する（図❶）。カール壁には8月まで残雪があり，その残雪がなくなったあとには植物の生えない裸地があらわれる。この裸地は降雨による土壌侵食を受けやすく，たびたび斜面が崩れる。この崩落の繰り返しにより，カール底は長い年月の間に埋められていく。この埋積により湖はしだいに湿地となっていき，いずれは消滅する。

　残雪は長い目で見れば湖の消滅にかかわっているが，一方で湖の生成にも一役買っている。雪が融けることで湖に水分を供給している。春，上方からの雪融け水がカールの底に集まり，そこを埋めている積雪層の下に溜まっていく。この水分が積雪層を満たしたとき，突如として湖があらわれる。

　それでは湖が盛夏に干上がるのはなぜだろうか。残雪がなくなり，雪融け水の供給が減ることも確かに一因である。しかし，斜面に残雪がまだあるのに湖は涸れる。七ッ沼は，その出現と同様に消滅にも秘密が隠されている。だからこそ，「幻の湖」とよばれる。

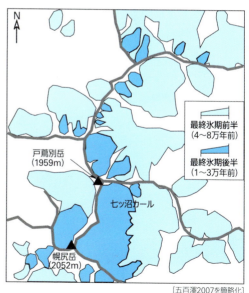

図❷　幌尻岳付近の氷河復元図　氷河は稜線の東側に多く分布する。冬の北西季節風の影響で，東側に多くの雪が吹き溜まるためである。

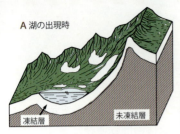
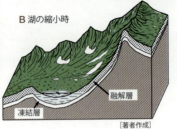

図❸ カール湖の出現と縮小
不透水層として作用する凍結層が融解すると，湖水の排水が進む。

➕カール湖の出現と消滅

　湖が消滅する原因を考えるために，日高山脈の氷河復元図を見てみよう。図❷より，多くの氷河は稜線の東側に発達していることが読みとれる。濃い水色部が示す最終氷期後半では，この傾向はより明瞭となり，氷河は稜線のおもに東側直下にへばりつくように残るだけとなっている。このように氷河が稜線の東側に多いのは，冬季の卓越風に関係している。日高山脈に雪をもたらす冬の北西季節風は，稜線の風下側に膨大な量の雪を吹き溜める。また稜線上には雪庇をつくり，風下側斜面にたびたび雪崩を発生させる。これらの雪が稜線の風下側，つまり東側に大量に溜まるため，氷河が生まれた。

　氷期が終わり氷河のなくなった今は，森林限界より上の斜面に周氷河作用がはたらく。周氷河作用とは，地面が凍結と融解を繰り返すことでおこるさまざまな現象で，構造土（写真❷）やソリフラクションロウブ（→p.89）といった特異な形の周氷河地形をつくる。このような周氷河地形が七ッ沼にも存在する。つまり，七ッ沼は周氷河作用がはたらく環境にある。この環境こそが，湖の急速な消滅を引きおこす。

写真❷　構造土の一種，条線土（北海道大雪山，1997年）
地表面上に細かい礫の帯と粗い礫の帯が交互に配列する。斜面の傾斜方向にほぼ平行してできる特徴があり，一組の条線の幅はここでは20cm程度である。地面が凍結して割れ目ができたところに大きな礫が入り込むことの繰り返しでできる。

　冬，森林のない地面は寒気にさらされ，表面からある深さまで凍結する。この凍結層はコンクリートのように硬く，水分も容易に通さないため，不透水層としてはたらく。そのため，春に上方の雪田から供給される水分は地中に浸透できず，地表に滞留する。それが湖となる（図❸A）。その後，凍った地面は地表から融け始める。凍結層が薄くなるのに伴い，水分は地中へ浸透し，湖は縮小する（図

❸B)。凍結層が完全になくなると，水分はいっきに排水され，湖は消滅する。北海道・大雪山白雲岳（標高2230m）の山頂火口湖では，テニスコート3面ほどの面積をもつ火口湖が，凍土融解時に日平均10〜20cmの速さでその水位を低下させ，わずか数日でほぼ消滅したことが観測された。七ッ沼でも同様の現象がおこっていると考えられる。

写真❸　ヒグマが地面を掘り返した跡(戸蔦別岳，2007年) ヒグマは夏，食べ物の豊富な森林限界以上によく登ってくる。アリを好んで食べ，アリの巣を掘った跡がいたるところに見られる。

✚七ッ沼の自然が語る氷期の世界

　七ッ沼カールの底は，開けた平坦地のほとんどない日高山脈の山中にあって，貴重な休息地を人に提供してくれる。しかし，ここを利用するのは人間だけではない。むしろ人間以上に高い頻度で訪れるのがヒグマである。ヒグマは，ときに人間をも襲うことで恐れられている。1970年7月には，日高山脈を縦走していた福岡大学のグループがヒグマに襲われ，5名のパーティーのうち3名が犠牲になるなど，事故の例は枚挙にいとまがない。しかし本来は雑食であり，草，昆虫，木の果実や種子を好んで食べる。七ッ沼カールには，これらがそろっている。日高山脈の森林限界高度は1500〜1600mにあり，標高1600m前後にある七ッ沼カールは森林限界をこえる。そのため，スゲ類などの草本やハイマツなどの矮小な低木が生える。また堆積物におおわれた地面は土壌が厚く軟らかいため，大好物のアリが多い。高山植物の花に群がるハチもヒグマのご馳走だ。斜面にはベリーの実やハイマツの種子が豊富で，冬眠準備の栄養補給に困らない。人もめったにやって来ない七ッ沼カールは，ヒグマにとってまさに理想の住みかである（写真❸）。

　絶妙なバランスのうえに出現する幻の湖，天上の楽園をつくる氷河地形，我が国最大の陸上動物として山を闊歩するヒグマなど，日高山脈には今なお原生の自然が残る。その山中にあり，人知れず出現と消滅を繰り返す幻の湖は，かつてここに氷河の支配する世界があったことを今に伝えている。

 幻の湖となるのは，春に雪融け水が供給されて出現するが，その後に凍土が融けてわずか数日で消えてしまうから。

標高1000mになぜ高山植物がある!? 佐渡島の自然

Q 佐渡島は「花の島」とよばれる。標高1000mに満たない山地に多くの高山植物がみられ，春はニリンソウ，夏はクルマユリ，秋はリンドウなど，本州では高山で見られる植物が咲き乱れる(写真❶)。暖流の対馬海流が沿岸を流れ温暖なため，スダジイやタブノキなど照葉樹林も分布する一方で，佐渡ではなぜ標高1000mに満たない山地に高山植物が生育するのか。

写真❶ アマナの花（佐渡島ドンデン高原，2013年）
ほかにもミズバショウ，シラネアオイなどの高山植物や，ハマナス，トビシマカンゾウなどの北方系植物が分布する。シカがいないため食害がなく，氷期からの生き残りも多い。

図❶ 佐渡島の地形
大佐渡山地と小佐渡山地,およびそれらに挟まれた国中平野がほぼ平行に分布する。国中平野は,両山地からの土砂が海底で堆積してできた海岸平野である。

写真❷ 北沢浮遊選鉱場（相川，2013年）北沢地区は明治期に佐渡鉱山全体の一大拠点となり,精錬所や選鉱場が操業した。これまでに世界で採掘された金量は14万t程度なので,佐渡産だけで世界の0.056％を占める。

✚佐渡の地形と金山

　金山やトキで有名な佐渡島。その自然の秘密をさぐる手始めに,まず地形に注目しよう。佐渡島が日本海に孤立して浮かぶのは,日本列島にかかる東西方向の圧力により断層運動がおこり,隆起した地面が海面上にあらわれたためである。この地塁山地とよばれる断層でできた山地の列は,佐渡島から北方へは北海道の奥尻島へ,また南方へは能登半島へと,日本海沿岸を延びている。佐渡島では,その地塁山地が二つの軸に分かれ,北側の大佐渡山地と南側の小佐渡山地をなす（図❶）。両山地間の地溝帯に広がる国中平野とともに,佐渡海峡を挟んだ本州側の海岸線とほぼ平行な走向となっている。

　この日本海沿岸にはプレート境界がある。1993年7月に発生した北海道南西沖地震では奥尻島に津波や地すべりによる大きな被害が出たが,この地震をきっかけに,この日本海東縁地域にプレート境界があり,西側のユーラシアプレートが東側の北アメリカプレートの下に沈みこんでいるのではないかと考えられるようになった。現在はこの考えが主流となったが,このプレート境界がさらに北方のシベリアではどこにつながるのかについては,まだ解明されていない。

　日本海東縁の地殻変動は,佐渡に金や銀の鉱脈をもたらした。2300万年前から1800万年前にかけて,火山性のマグマから金や銀を含む熱水が上昇し,岩盤の割れ目に沈殿して鉱床をつくった。佐渡島には4か所の金銀山があり,

写真❸ 棚田（岩首集落，2013年） 佐渡の農業は2011年，世界農業遺産に登録された。伝統的な農業・農法，農村文化や生物多様性，農村景観などが保全されていると評価され，先進国では初の登録となった。

1601年の開発から1989年の閉山までに，金を78t，銀を2330t産出し，江戸時代には幕府の財政をささえた国内最大の金銀山だった（写真❷）。坑夫として流人や無宿人などが流れ込み，相川の町は1622年には5万人を擁する鉱山都市となった。幕府の直轄地として奉行所もおかれ，鉱石採掘から小判製造にいたる一連の作業が幕府の管理下で行われた。明治維新以降は，水平坑道を垂直につなぐ竪坑の開削や，鉱石運搬などの最新技術を欧米から導入したことで，金銀生産量が飛躍的に増加し，日本の近代化をおおいにささえた。現在，坑道とともに精錬工場や管理施設を含め，世界文化遺産登録に向けた機運が高まっている。

✚金山とトキの関係

佐渡でゴールドラッシュのごとく増えた人口を吸収することができたのは，自然環境に適応した農業のおかげである。平坦地は国中平野と海岸沿いの段丘面上くらいに限られる山がちな地形のため，棚田が発達した（写真❸）。農産品の需要が大きく農民は困窮することがなかったため，棚田の整備は行き届いた。ここに棲み着いたのがトキである。トキは四季を通して水田を餌場とし，ドジョウ，カエル，ミミズ，タニシなどを採餌する。肉や羽を目的とした狩猟や農薬汚染，生息地の開発などが進み日本産のトキは絶滅してしまった。しかし1999年以来，中国から贈られたトキで人工繁殖が進められ，2008年からは佐渡島内で毎年，自然界に放鳥され野生復帰の取り組みが続いている。

トキの生息をささえた棚田であるが，他地域同様，水の確保は佐渡の棚田でも重要な問題だった。ここに鉱山の技術が生かされた。坑道から地下水を

汲み出す水上輪が活用されたのである。水上輪とは，長さ3m，直径30cmほどの細長い管のなかに巻き貝のような螺旋状の翼を取りつけ，管全体をハンドルで回転させ，水をねじあげるものである（写真❹）。これが用水路から水田に水を汲みあげるのに好都合だったのである。確かに近世になってからはこのような人力も使われたが，それ以前も棚田はあった。棚田を可能にしたのは，冬の豊富な積雪である。

写真❹　坑内の水上輪（相川金山の宗太夫坑跡，2013年）
操業当時のようすが再現されている。水上輪は海面下の深さとなる地下坑道から，高さ500m以上も水を汲み出すために，人力により昼夜休まず動かされた。

➕ 佐渡に高山植物がある理由

　佐渡の山は雪深い。対馬海流は小佐渡山地に照葉樹を根づかせるほど温暖な気候をもたらす一方，冬にはシベリア気団からの季節風に湿気を与え，北側の大佐渡山地に大量の降雪をもたらすもとにもなる。山脈をこえるときの上昇気流で雪雲が発達し，稜線の風上側で吹き払われた雪が風下側に大量に吹き溜まる。初夏まで残雪が見られる山稜部には，大木になるような植物は入ることができず，ここに高山植物の生育できる環境がつくられた。また稜線をこえる風は，風上側の斜面にも本来の植物が根づけない風衝地をもたらし，ここに高山帯の景観があらわれる。このように，強風が卓越する多雪山地の稜線には高山帯の標高が下がる「山頂現象」がみられ，この山頂現象によって，佐渡島では1000mに満たない山稜部でも高山植物の庭園が成立しているのである。

　佐渡の高山植物の秘密に触れると，冬の気候，棚田での農業，トキなどの野生生物，金山の歴史，日本海東縁変動帯まで考えが広がる。まさに見どころ満載の花のような島だ。

 標高1000mに高山植物があるのは，冬の季節風により大量の雪がもたらされ，本来より低い標高に高山帯ができたから。

42) 日本に寒帯がある!? 富士山の気候

写真❶　富士山頂の火口（2012年）火口は直径800m，深さ200mに達する。晩夏まで雪渓が残り，ときに越年する。雪渓上部の高まりが最高地点の剣ヶ峰（3776m）。

Q 最暖月の平均気温8.3℃ ─これは，どの気候帯にあたるか。ケッペンの気候区分では，最暖月の平均気温0℃以上10℃未満がツンドラ気候である。ツンドラといえば，シベリアやアラスカを想像する。ところが冒頭の気温は，日本のある地点のものである。日本に寒帯とは，いったいどこにあるのか。そこにはどのような景色が広がっているのか。

✚富士山頂での気象観測

　日本にある寒帯，それは富士山の山頂である（写真❶）。富士山頂の気候をあきらかにする試みは，多くのドラマを生んできた。気象観測の使命を帯びた野中到・千代子夫妻は1885年，初めて山頂での越冬に挑戦する。夫妻の観測により，冬季の最低気温−30℃以下，最大風速30m/sをこえることが示された。しかし想像を絶する過酷な環境に，夫妻は遭難してしまう。その物語は，新田次郎の小説「芙蓉の人」で描写される。

　その新田次郎こと藤原寛人が率いる気象庁のチームが，野中夫妻の気象観測を引き継ぐ。チームは1964年，山頂に気象レーダーを設置する。これにより，富士山から700kmの範囲までの

写真❷　富士山剣ヶ峰のレーダードーム（1993年）1964年から気象観測に使われたが，気象衛星の導入などにより役割を終え，2004年に撤去された。撤去後は富士吉田市で「富士山レーダードーム館」として展示され，気象観測の啓発に役立っている。

降水状態を把握できるようになった。とりわけ台風観測に威力を発揮し，気象災害の予知に不可欠のものとなった。富士山の剣ヶ峰に立つレーダードームは，長らく富士山頂のシンボルとして親しまれた（写真❷）。

　ところが効率化の波は富士山にも訪れる。気象衛星の導入や地上レーダーの精度向上によりレーダーは役割を終え，2004年に撤去された。跡には自動観測装置が残されるだけとなり，観測は気温，湿度などの限られた気候要素のみとなった。

　このような100年以上にわたる富士山頂での気象観測の成果により，そこが寒帯にあたることがあきらかにされた。温暖化の進んだ現代でもなお寒帯の気候環境下にあるなら，氷期にはどれほど大きな氷河におおわれていたのか。

写真❸　8合目付近のオンタデ群落(2011年)
先駆植物として火山砂礫地に他の植物に先駆けて進出する。

✚氷河・永久凍土の存在

　1万年前まで続いた氷期には，3000m級の山々が連なる日本アルプスや，2000m級の北海道日高山脈に氷河が発達した。このとき，富士山をおおう氷河はどのようなものだったのか。登山のかたわらカールやU字谷を探しても，砂礫の単調な斜面ばかりで，氷河が存在した痕跡を見つけることはできない。それもそのはず，富士山に氷河はなかったのである。より正確にいえば，氷期には今の高さの富士山自体が存在しなかったのである。

　富士山は，40万年ほど前から火山活動を開始した。現在の山体の基礎となった「古富士」が形成されたのが約2万年前である。その後も噴火を繰り返し，現在の標高まで火山灰と溶岩の互層を積み上げ，成層火山をつくったのが1万年前よりあとのことである。江戸時代の1707年には，江戸にも大量の火山灰を降らせた宝永噴火がおこり，これが歴史上，最新の噴火となっている。現在までの300年間は静穏を保っているが，活動を終えたわけではなく，今も次の噴火に向けマグマを溜め続けている。「動かざること山の如し」は，人の一生からみれば当てはまっても，自然地理の時間スケールには合わず，むしろ「はやきこと山の如し」の方が合う。

　氷河は発達しなかったものの，現在でもみられる寒帯特有の現象として，永久凍土がある。永久凍土とは，地面が融解しない状態が少なくとも一夏以上継続している状態の地盤をいう。世界の寒帯や亜寒帯地方に分布し，地球上の地表の約14％を占める。日本では富士山のほか，北海道の大雪山などにも確認されている。

　富士山の永久凍土は，1970年代の調査で，その下限の高度が2800〜2900mだった。近年，その高度は徐々に上がり，2001年には2900〜3200m，2009年には永久凍土が存在するはずの山頂部において存在が確認されない地点があるという結果が出された。

✚永久凍土の消失による影響

　永久凍土の急速な縮小は，さまざまな環境変化をもたらす。先駆植物が斜面をおおい始めたのもその一つである。先駆植物とは，火山砂礫斜面などの裸地に，ほかの植物に先駆けて進出し定着する植物である。もともと地衣類やコケ類しか見られなかった山頂部に，イネ科の植生が見られるようになった。長い地下茎をもち斜面の砂礫移動に強いオンタデも，その生育高度を徐々に上げてきている（**写真❸**）。

　また永久凍土の縮小は，富士山の形すら変えつつある。地盤の接着剤としてはたらく永久凍土がなくなることで，斜面の崩落が加速しているのである。冒頭の鳥瞰図の左側斜面に見られる大沢くずれでは，絶え間ない落石が発生しており，その量は年間約15万㎥，1日で10tトラック63台分の土砂に匹敵する。山腹反対側の吉田大沢でも，1980年に大規模な落石が発生し，登山者44名が死傷する事故がおきた。この惨事をきっかけに，吉田登山道はより安全な場所につけ替えられた。侵食の谷頭が山頂火口の外縁に達したとき，土砂崩落は一気に促進され，富士山の形は劇的に変わってしまう。

　地元の人にとってはこのような土砂崩れの危険もあるが，一方で富士山は生活の拠りどころでもある。斜面にしみ込んだ地下水は，溶岩層のすきまを通り，長い年月をかけて山麓に湧き出す。白糸の滝（**写真❹**）や忍野八海は富士山の湧水群として知られ，周辺では湧水を活かしたそば作りなど，人々の生活が息づく。これらは富士山信仰にかかわる巡拝地としての価値も評価され，2013年に世界文化遺産「富士山」の構成資産の一部として登録された。日本にある寒帯は，人々の生活・文化と密接に結びついた，世界でもまれな寒帯といえよう。

写真❹　白糸の滝（富士宮市，2004年）地中の溶岩層のすきまから地下水がしみ出し，滝となっている。

> **A**　日本の寒帯は富士山でみられ，人に豊かな伏流水の恵みや信仰心をもたらす，生活・文化と結びついた寒帯となっている。

43 扇央になぜ水田がある!?
黒部川扇状地の水田開発

写真❶ 黒部川扇状地に広がる水田(黒部市,2012年) 扇状地は愛本を扇頂とし,長さ11.8km,幅14.8kmの広がりをもつ。2015年に開業した北陸新幹線の高架橋が扇状地を横切る。

Q 扇状地の扇央は乏水地のため畑や果樹園に利用される—。これが通説である。しかし富山県の黒部川扇状地では,扇央一面に水田が広がる(写真❶)。しかもここで栽培されるこしひかり「黒部米」は,米の地域ブランドの商標登録第1号となった良質なものである。黒部川扇状地の扇央では,なぜ稲作ができるのか。

写真❷ 常願寺川(富山県立山町，2015年) 上流部で黒部川と流域を隣接する。日本最大の落差350mをもつ称名滝が上流にあるものの，そのほかに大きな滝はなく，滝がないことが暴れ川の元凶であると治水技師デレーケは分析した。

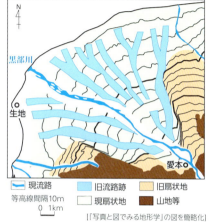

図❶ 黒部川扇状地の地形 旧流路は等高線では判別困難だが，空中写真で見るとやや白っぽくなっているためわかる。旧流路が白く見えるのは，粗い砂礫が堆積して周辺より乾燥しているためである。黒部川扇状地では，江戸時代以来の大洪水と旧流路との対応があきらかにされている。

[『写真と図でみる地形学』の図を簡略化]

✚黒部川は滝の川

　黒部川は，飛騨山脈の奥深く鷲羽岳に源を発し，山地を深く穿って流れ下り日本海に注ぐ。流路の長さは85km，流域の標高差は3000mに達する。黒部川に隣りあう常願寺川(写真❷)の治水調査を任されたオランダ人技師のデレーケと同行者一行は「これは川ではない，滝だ」といってその治水対策の困難さを嘆いた。流域を接しあう常願寺川と黒部川は，勾配がそれぞれ1/20，1/29で，どちらもまさに滝のように流れ下る。水の流れが子どもの歩く速さほどの秒速1mとしても，源流部に発した水が河口に到達するのに3日とかからない。ドナウ川やライン川などヨーロッパの大河川では1か月以上かかることと比べれば，デレーケの嘆きもうなずける。

✚海岸に扇状地ができる不思議

　黒部川の扇状地はふつうと違う。扇状地とは，川の流れに乗って運ばれてきた砂礫が，山から平野に出たところで堆積してつくられる扇形の地形のことで，川が洪水のたびに流路を左右に変えながら砂礫を堆積させるために扇形となる(図❶)。この扇状地は，ふつう中流部にできる。ところが黒部川では，

43 | 扇央になぜ水田がある!?

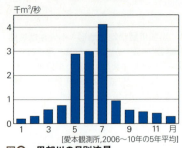

図❷　黒部川の月別流量
流量が5月に急激に増えるのは，上流での雪融けのためである。

まさに海に流れ出ようという下流部にできている。これはなぜか。

　そもそも山地の出口である扇頂で砂礫の堆積が始まるのは，水流の速さが遅くなるためである。流速が落ちるのは，川幅が広がるためである。いっけん勾配がゆるやかになるからと考えがちだが，扇頂の上流側と下流側では，下流側の方でむしろ急勾配の場合が多い。黒部川でも，扇頂部を境とした1km区間で比較すると，上流側で5‰（‰は千分の一をあらわす）に対し下流側では16‰ある。つまり砂礫の堆積には，扇頂で川幅が広がることで水深が浅くなり，流速が衰えることが最も効いている。

　このような扇状地の形成メカニズムを踏まえると，扇状地が大きく発達するためには次の条件がそろうことが必要となる。①上流の山地で断層運動などによる隆起が盛んで砂礫の供給が盛んなこと，②中下流の堆積地域で河川が自由に流路を広げられること，③堆積した砂礫が除去されないこと。山地が海に迫っている黒部川下流域一帯では，もともと川は平野を流れることなく海に直接流れ込んでいた。ところが黒部川は上流部での侵食が激しく，その砂礫運搬量が多いため，海をどんどん埋めていった。ふつうその砂礫は沿岸流などで再運搬されるが，ここでは能登半島が障壁となって沿岸流が弱く，除去されない。そのため海沿いに扇状地がつくられた。

　黒部川扇状地の地形を見ると，海に扇端が突き出している。この形態は，ナイルデルタのような円弧状三角州と同じにも見える。しかし三角州は，海面下に泥や粘土などの細粒物がゆっくりたまって海面上に陸地が現れてできるもので，谷口に礫や砂などの粗粒物が堆積してできる扇状地とは異なる。黒部川扇状地は，江戸時代以来の大洪水と旧流路との対応関係があきらかにされており，今も発達しつつある扇状地である（図❶）。

　このような海に面して発達した扇状地を，臨海扇状地とよぶ。臨海扇状地は，隆起しつつある断層山地が海に迫っているところに発達しやすい。静岡県大井川や石川県手取川などに例がみられる。これらの臨海扇状地では，どれも扇央に水田が広がっている。これはなぜか。

✚臨海扇状地に水田がある不思議

　扇状地の代表例，甲府盆地の河川と比較してみよう。甲府盆地に扇状地をつくる京戸川は，扇央で伏流し，乏水地に適したぶどうや桃の栽培に利用されている。伏流するのは，扇状地を構成する砂礫が粗く，水が地中に浸透してしまうためである。ところが黒部川では，扇央でも伏流しない。これは，源流からの流路延長が京戸川に比べて圧倒的に長く，水量が多いためである。流域面積では，100倍以上の差がある。

　扇央でも伏流しないこの豊富な水を使って，黒部川扇状地では水田が拓かれた。上流の山地は多雪地帯であり，雪融けで水量が増え始めるのがちょうど田植えの時期であることも，稲作にとって有利だ（図❷）。住民は，この豊富な水を用水で引き，利用してきた。上流から一気に流れてくる黒部川の水は温度が低く，稲作には不都合だったため，1950年代には流水客土による土地改良を行った。流水客土とは，用水に細粒土を流して各田に供給する地盤改良手法で，これにより田の水持ちがよくなり，水温が上昇する。このような人為的なはたらきもあり，黒部川扇状地は広大な稲作地帯となった。

　扇央で水が涸れないとはいえ，多くの水は伏流している。その伏流水は扇端で湧出する。その湧水をたより，海岸沿いに生地などの漁村が立地した（写真❸）。この漁村の生活もまた，黒部川の賜といえる。技師デレーケが治水の重要性を訴えたのは，川が扇状地で暮らす人々に多くの恩恵ももたらすことを知っていたからだったのだろう。

写真❸　扇端の漁村（黒部市生地，2012年）湧水は「黒部川扇状地湧水群」として全国名水百選に選ばれている。地元では「清水」とよび，大切な生活用水となっている。

> **A** 扇央に水田があるのは，黒部川の水量が多く扇央でも用水に利用でき，さらに流水客土などの土地改良を行ったから。

44 氷河はなぜ剱・立山にある!?
黒部源流の自然と開発

写真❶　三ノ窓雪渓
（2009年9月）
三ノ窓雪渓は秋の最も縮小したときでも長さ1600m,標高差700mの規模で残り,そのまま越年する。この内部に氷体が存在し,それが流動していることが2011年に確認された。チンネのロッククライミング中に撮影（→p.195図❶地形図）。

Q 氷河といえば,極東アジアではカムチャツカが南限で日本には存在しないとされてきた。その氷河が2011年,日本にあることが初めて確認された（写真❶）。その場所は,黒部川源流,北アルプスの剱・立山連峰である。氷河は,富士山でも北海道でもなく,なぜ剱・立山にあるのか。その氷河はどのようなものか。

写真❷
立山西面のカール(圏谷)群
(室堂, 2007年) 写真右は国指定天然記念物の山崎圏谷で, 発見者の山崎直方博士の名にちなむ。日本で初めてカールが天然記念物に指定された例である。

✚氷河の発見

　剱・立山は氷河地形の博物館である。カール, U字谷, モレーン, ホルンなど, あらゆる氷河地形がそろっている(写真❷)。現在でも積雪は多く, 夏にも融けきらないで次の冬まで残る多年性雪渓も数多い。この多年性雪渓は, 富士山, 月山, 北海道大雪山など降雪が多く高い山にいくつかあるが, 剱・立山連峰にあるものはひときわ規模が大きい。ここの多年性雪渓が氷河ではないかと, 研究者たちは長年にわたり調査を続けてきた。

　氷河とは, 雪が圧縮されてできた氷が流動しているものをいう。つまり, 多年性雪渓の内部の氷が1年中流動していれば, 氷河といえる。氷河が流動しているかどうかを正確に観測するのは意外に難しい。雪の表面は降雪や融解により日々変化するからである。それを可能にしたのは, カーナビにも使われるGPS(汎地球測位システム)である。雪面上に固定したターゲットをGPSで測位することで, 誤差5cm以内の精度で観測することができるようになった。

　この手法で, 剱・立山の多年性雪渓が詳しく調査された(図❶)。その一つの三ノ窓雪渓では, 電気探査により内部に長さ1200m, 厚さ40m

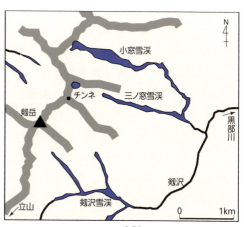

図❶　**多年性雪渓の位置**　小窓雪渓, 三ノ窓雪渓, および立山にある御前沢雪渓などの多年性雪渓が, 現存する氷河と認定された(→p.195図❶地形図)。

写真❸ 黒部川水平歩道
(1993年) 黒部上流の電源開発は当初，垂直の岩壁をコの字型に刻んだ歩道での物資運搬から始まった。幅わずか60cmと狭く，転落事故が相次いだ。現在，この道は拡幅され，剱・立山へ向かう登山道として使われている。

以上の氷体が確認された。その氷体の動きを計測した結果，1か月で約30cm流動していることがわかった。流動量が最も小さい秋の季節にこれだけの移動がみられたことから，年間で少なくとも4mの流動が見積もられる。たしかに，積雪グライドというメカニズムで雪渓の雪が下方にゆっくり移動する現象は，以前から知られている。しかし越年性雪渓の内部にある氷体が年間を通して流動することが確認されたことはなく，これが決め手となり日本で初めて氷河と認定されたのである。

➕剱・立山に氷河がある秘密

　氷河は，より標高の高い富士山や，より寒冷な北海道ではなく，なぜ剱・立山にあるのか。図❶から多年性雪渓の分布を読みとると，主稜線のおもに東側に分布することに気がつく。これはなぜか。稜線の東側は冬に大量の雪がもたらされるからである。東側で雪が多いのには季節風が関係している。日本海から吹く冬の季節風は，西から東へと山脈をこえる。このとき雪は，強風にさらされる稜線の西側斜面にはほとんどつかず，東側に吹き溜まる。これは，風が稜線をこえたところで空間が広がるため風速が弱まり，運ばれてきた雪粒が落ちるからである。ちょうど川が山から平野へ出たところで川幅が広がるため流速が弱まり，運んできた砂礫を堆積させ始めるのと同じである。こうして稜線の東側には大量の雪が積もるが，この雪だけでは越年するほどの積雪にはならない。氷河を維持するほどの雪をもたらす最大の要因は，雪崩である。雪崩により谷底では毎年20〜30mもの新たな雪が供給さ

れる。つまり剱・立山の氷河は，雪崩によって養われている雪崩涵養型の氷河といえる。

富士山や大雪山は新しい火山のため，顕著な稜線に欠ける。富士山の山頂火口内や大雪山の標高1800m付近に多年性雪渓があるが，その雪の起源は吹き溜まりによるものであり雪崩ではない。つまり日本で氷河ができるためには，雪崩による雪の集積が必要なのである。

➕黒部の自然に挑む

黒部の雪崩はすさまじい。1938年冬，黒部川第三発電所を建設するために越冬していた作業員の宿舎が深夜，爆風に直撃された。爆風はコンクリート5階建ての宿舎の2階より上部をもぎ取り，寝ていた84名の作業員を入れたまま吹き飛ばした。その部分は，比高78mの尾根を上に飛びこえ，黒部川の本流をも飛びこえて，580m先の岩壁に激突した。宿舎の残骸と遺体が黒部川の谷底で発見されたのは，春になってからである。黒部でおこるこのような爆風は，泡雪崩とよばれる。泡雪崩は，雪粒に閉じ込められ圧縮された空気が破裂しながら流下する爆風で，その速さはマッハ3，時速3600kmに達する。この泡雪崩は，翌年の冬にも28名の犠牲を出す惨事を引きおこした。300本の巨木が引きちぎられて宙高く舞い上がり，それが作業員宿舎に突き刺さったのである。雪崩のほかにも，凍った細い運搬道（写真❸）から作業員が転落する事故も頻発した。

このような幾多の困難のすえに完成したダムは，戦時中の軍需産業をささえ，戦後は高度経済成長の礎となった。しかし，完成直後から新たな問題が発生した。岩盤を侵食し砂礫を供給し続ける氷河が上流にあるため，ダム湖の堆砂が著しいのである。黒部川流域で年間に流出する土砂の量は東京ドーム容積をこえる140万㎥におよぶ。これが流れ込み，ダムの容量が減少した。ダム機能を維持するため，黒部本流に1985年以降につくられたダムでは日本で初めて排砂ゲートが設けられ，毎年梅雨の出水時にあわせ排砂を実施している。黒部源流域は，地形の博物館であるだけでなく，自然に挑む人間の営みを記録した歴史館でもある。

 氷河が剱・立山にあるのは，冬に積もった雪が雪崩により谷筋に集まり，膨大な雪の量のまま夏を越えて越年するから。

45) 岩の山になぜ「窓」がある!?
劔岳の雪と地形

写真❶　劔岳
(2007年) 稜線上には氷河の侵食でできた無数のピークと鞍部が続く。『日本百名山』を著した深田久弥は「鋼鉄のような岩ぶすま」と表現した。また立山信仰の絵図「立山曼陀羅」では地獄の針の山として描かれ、地元では登れない山、登ってはいけない山とされた。近代になっても最後まで登山者を拒んできた山である。

Q 標高2999mの北アルプス劔岳（写真❶）。その稜線には「窓」がある。地形図にも「大窓」，「小窓」などが表記されている（図❶）。人をよせつけない岩と雪の殿堂・劔岳のこと，人が設置した窓ではなさそうだ。岩の山にある「窓」とはいったい何だろうか。

日本

写真❷　平蔵谷（2007年9月）氷期にできた氷河が後氷期になって消えた後，手前の剱沢との合流地点に高度差があったため，平蔵谷のU字谷の谷底がその後下刻されV字谷ができた。撮影した9月でも雪渓が残る。

図❶　剱岳周辺の地形図
各谷に万年雪記号が入る。「小窓ノ王」表記のすぐ南に三ノ窓の鞍部とカールとがある。

➕岩と雪の殿堂とよばれるゆえん

　その険しさゆえ，日本最後の地形図空白地帯となっていた剱岳で，初めて測量が行われたのは，1907年のこと。山頂に三角点を設置するため，陸軍陸地測量部の測量官・柴崎芳太郎率いる測量隊が剱岳登頂に挑んだ。測量隊は，登山の常識とされる尾根をたどるルートをとらず，急な谷筋の斜面を選んだ。谷筋は夏でも残雪に埋められているため，靴に取りつける滑り止めのアイゼンを用いて登頂を果たしたのである。その壮絶なドラマは，新田次郎の小説『剱岳・点の記』で世に知られる。

　剱岳は岩と雪の殿堂である。冬季，日本海からの季節風がまともにぶつか

写真❸　八ツ峰Ⅵ峰(2007年)　手前の長次郎谷と，尾根の反対側の三ノ窓谷を埋めていた両氷河に挟まれ，アレートが形成された。

り，世界的にもまれな多雪地帯となっている。劒沢やその支流の長次郎谷，平蔵谷(写真❷)では，毎冬の積雪が20mをこえ，谷底の雪は夏でも融けきらない。劒沢本流は，その上部で長さ1.5km，標高差400mにおよぶ多年性雪渓におおわれ，白馬，針ノ木と並んで日本の三大雪渓の一つに数えられる。地形図でめったに目にしない万年雪記号が，劒岳周辺の谷筋ではいたるところに発見できる(図❶)。

　温暖化が進行しているといわれる現在でさえ，これだけ多くの積雪をみる山域であれば，今から1万年前以前の氷期にはいったいどれほどの雪が峰々をおおっていたのか。たしかに積雪量は現在より格段に多かった。しかし雪の降る量も多かったわけではない。これは，日本海の海水温が低かったため，冬の季節風が現在ほど多量の水蒸気の供給を受けられなかったからである。とはいえ氷期は低温のため雪の融ける量も少なかった。そのため結果的には，劒岳一帯には多数の氷河が発達した。

　氷期に劒岳周辺に発達した氷河は，多くの氷河地形をつくった。尾根の両側から氷食が進むと山稜は鋸歯状となり，これはアレートとよばれる。アレートどうしが交わったピークはホルンとよばれる。八ツ峰(写真❸)やチンネ(針峰)のアレートや，劒岳主峰のホルンが立ち並ぶ風景は，一見スイスアルプスの岩峰群のようだ。

　氷河地形を代表するカールやU字谷も多い。劒岳に隣接する立山連峰には，山崎圏谷や内蔵助カールがある。地質学者の山崎直方博士を記念して名づけられた山崎圏谷は，日本で初めてカールが天然記念物に指定された例として知られる(→p.191)。また内蔵助カールは，冬の季節風に対して稜線の風下側にあたるため積雪量は膨大で，30mにも達する積雪層が毎年夏をこす。この多年性雪渓を掘って年代を測定した調査によると，最も下層で1700年前という結果が出た。日本で最古の氷は，現在も内蔵助カールに眠り続けていることになる。最近の調査で内蔵助カール内に永久凍土が発見された。本州では富士山でしか見つかっていなかった永久凍土が発見されたことからも，劒・立山地域の山岳環境の特異性が確認できる。

✚岩にある窓の秘密

　劔沢に合流するそれぞれの支流にも，氷河は形成されていた。長さ2kmにおよぶ多年性雪渓をもつ三ノ窓雪渓は，その最上部にカールを有する。隣接する小窓雪渓では，雪渓の長さは3km，その標高差は750mに達する。現在にも続くこれらの氷河が，「窓」の形成に関係している。

　劔岳一帯は花崗岩(かこうがん)からできているが，山頂の稜線部は特に硬い斑(はん)れい岩の貫入体(かんにゅうたい)となっている。この貫入のさい，周辺に多くの破砕帯(はさい)が形成された。破砕帯とは岩石が砕(くだ)かれたもろい地帯のことで，破砕帯では凍結破砕による風化が速く進行する（→p.127）。そのため破砕帯にあたる山腹には一条の溝(みぞ)ができた。この溝にその後，氷河が入り込んだ。氷河は岩盤を深く掘り込み，U字谷をつくった。氷食は山腹の下方だけでなく上方にも延びていき，その侵食が劔岳の主稜線に達したとき，稜線の一部が歯抜けのように欠けてしまった。これが氷食鞍部(あんぶ)，つまり「窓」なのである。

　富山平野から劔岳の稜線を見上げると，この鞍部は不自然に大きく切り込み，そのすきまから向こう側の空がぽっかり見える。劔岳は富山平野から真東にあたるため，日の出のときにはこの鞍部が光り輝き，まさに窓から日が差し込むように見えるのである（**写真❹**）。

　柴崎測量士一行は，大小の窓が連続する尾根のルートを避け，雪の長次郎谷を選ぶことで，とうとう登頂に成功した。しかし，未踏(みとう)峰(ほう)と思われていたその絶頂で一行が目にしたものは，錆(さ)びついた錫杖(しゃくじょう)と鉄剣(てっけん)だった。鑑定の結果，それらは奈良時代のものとわかった。地図もアイゼンもない時代，山岳修験者がめざしたのは，日の出る劔岳の窓だったのかもしれない。

写真❹　劔岳に続く尾根の「窓」からの日の出(2009年5月) 日本離れした風景を求め多くの登山者を迎えるが，1980年代の10年間だけで250件の遭難(そうなん)が発生し，56人が命を落とした。

 岩の山，劔岳にある窓とは，稜線上の深い切れ目のことで，地質的に弱い破砕帯が氷河によって切り込まれてできたもの。

46 ライチョウはなぜ冬山に棲む!?
乗鞍岳の高山環境

Q ライチョウは，日本に1800羽ほどしかいない。その希少な鳥が，長野・岐阜両県境の乗鞍岳には120羽生息している。夏，急に霧がかかったとき，ハイマツ帯から出てくる（写真❶）。その出現が天候悪化に呼応することから「雷鳥」と名づけられたが，ライチョウが荒天をよぶわけではない。霧に紛れることで，天敵のイヌワシやサルなどの動物（写真❷）から身を隠しているのである。冬，乗鞍岳は生き物を拒む極寒の気候となる。ところが，ここにライチョウが姿を見せる（写真❸）。深い雪におおわれた山中に，なぜライチョウは生きるのか。

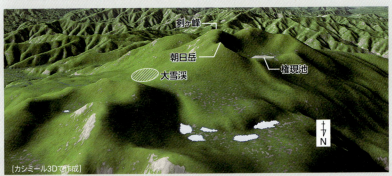

[カシミール3Dで作成]

✤ ハイマツの海に棲むライチョウ

写真❶ **ライチョウ**（乗鞍岳・朝日岳，2006年10月）白い冬羽に換羽し始めている。繁殖期は高山帯ですごすが，冬にはオオシラビソやダケカンバの生える亜高山帯までやや下りて越冬する。

乗鞍岳は，標高3026mの剣ヶ峰を主峰とする複数の火口丘で構成される。標高2400mの森林限界をこえると，冬季の強風と積雪により砂礫地，または匍匐した低木や草本が生えるだけの景観となる。この高山帯にライチョウが棲む。

日本のライチョウは，氷期にユーラシア大陸か

写真❷　ツキノワグマ
（乗鞍岳・位ヶ原，2016年）食料は主に木の実や葉で，昆虫も食べる雑食性である。ツキノワグマの生息域は落葉広葉樹の分布範囲に重なり，本州と四国の広い範囲にあたる。秋には乗鞍岳の高山地帯にも，野いちごを求めて上がってくる。

ら移り棲み，日本に広く分布していた。氷期が終わると，多くのライチョウは寒冷な環境を追って北へ逃れていったが，長距離を飛行できないため，一部は高山に逃げ込んだまま取り残された個体も多かった。その後，現在より温暖な時期には，各山域で細々と生息していたライチョウも多くが絶滅した。しかし，乗鞍岳では高山帯の広がりが大きく，生息に適する環境が残されたため，生き延びることができた。つまり，今ライチョウが生きているテリトリーは，氷期の気候を今に伝える地域といえる。

　ライチョウの生活を守るのは，ハイマツである。ハイマツはライチョウに，豊富な食料と安全なすみかを提供する。溶岩台地に密生するハイマツの上を風が吹き抜けるとき，その枝は共振し波立ち，「ハイマツの海」とよばれるにふさわしい光景が出現する（写真❹）。

　ハイマツが高山帯に広がるのは，低温に強いからである。樹液の成分を濃くし，凍結しにくい体をもつ。しかし，氷点下20℃を下回る極寒では，さ

写真❸
冬羽のライチョウ
（乗鞍岳・桔梗ヶ原，1995年）

写真❹
ハイマツの海
（乗鞍岳・大雪渓，2008年）

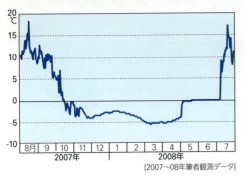

図❶　剣ヶ峰直下の標高2900mでの地表温度
冬期間に地表温度が安定するのは，雪の断熱効果で気温の影響を受けなくなるためである。温度を自動で観測・記録する装置を用い，通年にわたり1時間ごとに計測した。

すがに樹液も凍りつく。さらに，乾燥した強風に吹かれ続ければ，幹から水分が奪われて枯れてしまう。乗鞍岳は厳冬期，シベリアからの乾燥した寒風が吹きつける。その生育条件は，ハイマツにとってさえ過酷だ。この過酷な環境で，ハイマツはなぜ海を形成するほど分布を広げることができるのか。

✚ハイマツとライチョウを守る雪

　厳しい冬の環境からハイマツを守るものは何か。人を寒さから守るセーターは，毛糸が厚い空気の層をつくることで内部を保温する。つまり，空気の層が厚ければ，断熱効果が高い。ハイマツにとってのセーターは，雪である。降ったばかりの積雪層は，その90％を空気が占める。厚い雪のセーターに守られたハイマツは，厳しい寒気にさらされることなく，また乾燥した強風も当たらない。

　雪の下は本当にあたたかいのか。地表面の温度を観測した結果を示した図❶を見ると，10月には0℃を下回るが，11月以降，温度の振幅は小さくなる。これは，積雪層が外気を遮断したことを意味する。厳冬期の12〜1月には，温度の上昇も観測された。これは，地中の深い部分のあたたかさが地表に伝わったためである。2月には再び下降を始めるが，氷点下5℃をやや下回ったところで融解が始まり，春を迎えた。この間，外気温は氷点下20℃以下を観測している。以上より，雪の下が外気と比べておだやかな環境に保たれていることがわかる。

　ライチョウはこれを知っている。雪面に掘った穴が冬のねぐらとなる。吹雪の日は，雪洞（せつどう）のなかで天候回復をじっと待つ。晴れると，穴を出て高山植物を求め歩き回る。真っ白な冬羽（ふゆばね）をまとっているので，天敵に見つかることもない。

　春になり雪が融けると，ハイマツの海がライチョウを守ってくれる。常緑

で密生しているため，身を隠せる格好の営巣地となる。またハイマツの種子は，栄養価の高い食料だ。雪がハイマツを守り，ハイマツがライチョウを守る高山帯は，ライチョウにとって1年を通して安住の地なのである。

➕ 高山帯の独特な風景

乗鞍岳の高山帯には，ハイマツの海のほかにも独特な風景が広がっている。ハイマツも高山植物も分布しない砂礫地には，構造土とよばれる周氷河地形が見られる（写真❺）。構造土とは，粗い礫と細かい砂とが地表に規則的に配列した模様で，地面が凍結と融解を繰り返すことで地中の砂礫が粗粒部と細粒部にふりわけられてできる。乗鞍岳の構造土は典型的な形のものが多く，日本では最も早く1920年代から調査されている。現在は国立公園の特別保護地区に指定され厳しく管理されているが，戦前・戦中の軍用道路建設の影響で，消失してしまったものも多い。

この時代，消失してしまったものがもう一つある。石川県白山のライチョウである。昭和初期までは生息が確認されていたが，その後は記録がなく，絶滅したと考えられていた。ところが2009年，その白山に1羽の個体が発見された。このライチョウは，絶滅を免れて細々と生き延びていたのか，あるいは最近どこかから飛来して定着したのか。DNA分析により，乗鞍・北アルプスと同じグループとの結果が出た。しかし，ライチョウが70km以上もの長距離を飛行することは考えられない。したがって，いまだ決着をみない謎となっている。ライチョウは，やはり霧のなかに棲む生き物なのである。

写真❺　円形構造土（乗鞍岳・権現池，2006年）地面が凍結と融解を繰り返すことで砂礫が移動し，線状・円形・多角形などの種々の構造土ができる（→p.176写真❷）。環境省・林野庁の許可を得て立ち入り撮影。

ライチョウが冬山に棲むのは，雪の穴ぐらがおだやかな環境で，外に出れば栄養価の高いハイマツの種子が食料となるから。

47 合掌造りはなぜつくられた!?
白川郷・五箇山の自然と生活

写真❶　合掌造りの集落（白川郷荻町，2014年）114棟の合掌造りが残る。家屋の向きはいずれも谷筋と平行しており，これには夏の風通しを確保するだけでなく，冬の強風に備え風圧を最小限に抑える効果もある。

Q 隠田集落として知られる岐阜県の白川郷と，富山県の五箇山。狭い河岸段丘面上に，合掌造りの家屋が建ち並ぶ（写真❶）。落武者や租税逃れの農民が人目を避けひっそり暮らす隠田集落には似つかわしくない立派な建物である。白川郷・五箇山では，なぜこのような立派な合掌造り集落がつくられたのか。

✚庄川峡での暮らし

　白川郷・五箇山は庄川がつくる段丘面に立地する。庄川は岐阜県の両白山地に端を発し，富山県南砺市・砺波市を経て富山湾に達する。谷口には扇状地を形づくり，西隣りの小矢部川扇状地とともに砺波平野を形成する。

　この砺波平野は，散村集落として知られる。散村は個々の民家が孤立する村落であり，日本では水利に恵まれた扇状地に多い。砺波平野の扇状地は今でこそ水利に恵まれているが，もとからそうだったわけではない。人々は，「ザル田」といわれるような水持ちの悪い扇状地の開拓を進めるにあたり，微高地を選んで居住を始めた。そのような微高地を中心として，太郎丸や五郎丸（写真❷）の地名に代表される中世の名田百姓村が形成された。その後，黒部川扇状地と同様，豊富な河川水を使った流水客土（→p.189）を行い，土壌改良された水利のよい農地が完成した。

写真❷　砺波市五郎丸地区（2014年）名田百姓村の代表的な地名として太郎丸や五郎丸がある。名田百姓村とは，中世に開墾された名田を中心として成立した集落のことで，その土地の所有者である名主の名が付けられたものが多い。

写真❸　砺波平野の孤立荘宅（2014年）
砺波平野の屋敷林はカイニョとよばれ，防風だけでなく防火，防寒，燃料，用材，肥料，シイタケ栽培などにも利用される。

江戸時代になると加賀藩の開拓政策で孤立荘宅が進められ，平地に吹き下ろす乾燥高温の風フェーンによる類焼を防ぐ目的もあって，砺波平野に散村景観が広がることとなった。個々の民家の屋敷林がおもに西側と南側に偏っていることは，冬の季節風もさることながら，フェーンによる風がいかに強烈であるかを示している（写真❸）。

　このように中世から開拓が始まった下流部に対し，庄川の中・上流部はまさに人里離れた秘境だった。川岸に山が迫り，耕作ができる平地はわずかし

写真❹　合掌造りの屋根裏（2014年）萩町集落の和田家では、築300年以上を経た現在も、生活が営まれている。屋根裏が2層に分かれ、養蚕の作業場として使われている。

かない。冬季には積雪が1mをこえ、外部との交通は完全にとだえた。しかし戦国時代、あるものの伝来が白川郷・五箇山の生活を一変させ、立派な合掌造りが林立する景観をつくることになった。

✚合掌造りは火薬工場

　合掌造り家屋は、新築もさることながら維持管理に多大な労力を要する。特に屋根の葺き替えは大仕事であり、大家族だとしても一家だけでは手に負えない。それをささえたのが村の互助制度「結」である。葺き替え作業などで、村人は物心両面にわたって協力しあった。自らの家の屋根を葺き替えるときには世話になるという相互扶助の関係である。

　こうした本来の結も、時代が経つとなりたちにくくなる。2001年に行われた業者による葺き替えは、片面90坪（約297.5㎡）に3000万円を要する大規模なものだった。このような大規模修繕が必要な家屋が山奥の寒村に林立していることに、訪れた者は一種の違和感をもつ。たしかに単なる農村としてみると説明がつきにくい。しかし合掌家屋がかつて火薬工場として機能していたと知れば、納得ができるだろう。

　戦国時代、白川郷・五箇山に鉄砲の火薬の原料となる硝石づくりの技術がもたらされた。硝石は、硫黄と炭粉を混ぜることで黒色火薬となる。硫黄は火山から採れ、炭は木炭から得られるが、硝石の入手は容易ではない。各国武将が欲する硝石を、白川郷・五箇山では地場にあるもので製造できたのである。硝石は硝酸カリウムからなり、窒素を含む。その窒素分のもとにするのは蚕の糞や人馬の尿である。それらにヒエの葉や茎、山野草を混ぜ、家屋の囲炉裏近くの床下に掘った穴に入れる。その硝石床を季節ごとに切り返し、原料を追加していくと4〜5年で硝石ができるのである。この際、蚕の糞は、硝石化反応を進める硝化菌のはたらきに欠かせないカルシウム分を多く含むので、原料として特に重要である。その蚕の飼育に、切妻造りの家屋がマッチした。切妻造りとは、2面の屋根を組み合わせた構造をもつ家屋であるが、雪国では雪下ろしの負担軽減のため、その屋根の傾斜を急にする。その結果、

屋根裏部屋の床面積は寄棟造りに比べて広くとり，白川郷の合掌造りではふつう2層または3層を設けている（写真❹）。この広い屋根裏部屋が養蚕に使われるが，屋根裏特有の暑さに対しては，屋根の垂直な側である妻面を谷筋の方向に向かい合わせて，両方の妻面の明障子の窓を開けると風が自然に通り抜けることで対処する。逆に冬の寒さに対しては，1階の居住空間から昇ってくる囲炉裏の暖気が蚕を温める。つまり合掌造りは，床下から天井まで，硝石づくりに最適の空間だったのである。

✚ 合掌造りが残った理由

　硝石製造の技術は，五箇山では1570年頃にはすでに伝わっていた。五箇山でつくられる硝石の質は高く，森重流の鉄砲伝書には，「硝石の名産地は加賀を第一品とし，ついで出羽米沢，飛騨，甲州…（中略）。加州硝石の山元は，越中の地にして五箇山と云い赤尾谷の深山なり」と書かれている。江戸時代になり，加賀藩はこの良質な硝石の存在を幕府に隠すため，当時は「焔硝」とよばれていた硝石を「塩硝」と名を偽装して運搬させていた。加賀藩は五箇山集落の米の年貢を免除するなど手厚く保護した。

　一方，白川郷でも，大坂城へ御用硝石として納めることで，天領として幕府から保護された。江戸時代の白川村では1世帯当たり1〜2石の米を購入した記録があり，稲作をしなくても主食をまかなえたことがわかる。その豊かさの源が，庄川峡の自然と暮らしに適合した合掌造りだった。

　ところが明治に入り，硝石製造はおもにチリから輸入される安価な品におされ衰退した。現金収入のとだえた集落で，女たちは野麦峠をこえ出稼ぎに行かざるをえない状況となる。雪深い峠道を10歳そこそこの女工たちがこえ，諏訪の紡績工場で苦労して得たわずかな賃金をもって大晦日に帰る。100円も持ち帰れれば飛騨の農家には大金だった。この困窮が結果的に，明治以降の急速な近代化の波から集落を守ることになった。硝石製造で村人に恵みをもたらした合掌造りは，現在，年間120万人が訪れる世界文化遺産の観光資源へとその顔を変え，村人に恵みを与え続けている。

 合掌造りが白川郷につくられたのは，屋根の急な切妻造りが多雪とともに，火薬の原料となる硝石づくりに適したから。

48 伏見の酒はなぜうまい!?
京都盆地の暮らしと水

写真❶
伏見の旧酒蔵
（月桂冠大倉記念館，2013年）伏見には黄桜，宝酒造など多くの酒蔵が集まり，江戸時代初期には83軒にのぼった。月桂冠大倉記念館にある江戸初期の伏見の絵図からは，大名屋敷や町屋とともに外堀の濠川に沿って酒蔵が並ぶ，城下町のにぎわいをみてとれる。

Q 京都盆地の南部にある伏見は酒の街である。1637年に月桂冠が創業するなど江戸時代から銘酒の里として知られる。幕末におこった鳥羽伏見の戦いでは街が焼き払われるなど憂き目にあいながらも，酒造の伝統は今に引き継がれ，現在も20軒をこえる酒造所が軒を連ねる（写真❶）。日本全国いい酒は多くあれど，伏見の酒は格別である。伏見の酒はなぜうまいのか。

写真❷　京都盆地の全景(大文字山、2013年) 京都盆地は標高500〜1000m前後の山地に囲まれる。山頂部には小起伏面が広がり、そこに比叡山延暦寺や鞍馬寺が立地する。

✚京都の地形と水

　伏見は、京都盆地の南部に位置する(左の図)。京都盆地は周囲の山地が断層運動によって隆起したことで相対的に低くなった断層盆地で、第四紀更新世の地殻変動によってできた。約100万年間にわたる地殻変動で急速に山地が隆起したため、盆地を取りまく山稜はかつての侵食小起伏面の名残りでほぼ一定の高さをもつなだらかな地形となっている(写真❷)。

　それらの山地から、多くの川が盆地に流れ込む。京都盆地には、桂川、鴨川、宇治川などの流れが、それぞれ扇状地をつくって伏見付近で合流する。宇治川は天王山の狭隘部をすぎると淀川と名を変え、大阪平野の沖積低地をつくって大阪湾で海に達する。その京都盆地の扇状地をつくる堆積物は、盆地北部では厚さ2〜5mの砂礫層をなし、盆地南部の低地帯では厚さ20mの砂層および粘土層をなす。これらの扇状地堆積物の間に4〜6枚の海成粘土層が挟まれていることから、京都盆地には氷河性の海水準変動によって大阪湾から海水がたびたび侵入したことがわかる。もし淀川の堆積作用がなければ、大阪平野や京都盆地は今より低い標高となり、現在の海水準では水没していただろう。京都盆地を流れる諸河川は、人の生活にとってかけがえのない川である。

　これらの流れはまた、水運の提供という点でも人の生活に大きな恵みをもたらす。豊臣秀吉が築いた伏見城は、その外堀に宇治川の分流を使った。その分流である濠川に沿って多くの船宿や商家が建ち並んだ。伏見は、大坂から宇治川をさかのぼって琵琶湖へ通じる中継点として栄えた。さらに1614年には京都市中へ通じる高瀬川が整備されたことで、伏見は京都への結節点ともなる(写真❸)。伏見に集まる船は、淀川の水運を担った三十石舟や二十

写真❸ 三栖閘門（京都市伏見区，2013年）　三栖閘門は伏見港と宇治川との舟運を確保するため1929年につくられた。二つのゲートで閘室内の水位を調節し，水位の違う濠川と宇治川を結ぶ。現在は宇治川上流にできた天ヶ瀬ダムにより宇治川の水位が低下したため，その役割を終えた。

石舟，京へ上る高瀬舟など合計1000隻をこえ，にぎわいをみせた。

　港町，宿場町として栄えた伏見は，交通の要衝であるがため，多くの歴史の舞台ともなった。1866年，伏見の船宿，寺田屋で長州藩士と酒を酌み交わしていた坂本龍馬が伏見奉行所の幕府役人に襲撃された。この寺田屋事件をはじめとする一連の幕末動乱のすえに鳥羽伏見の戦いがおこり，街は戦乱に巻き込まれる。さらに東京遷都により，京都は衰退の道をたどることになる。

➕琵琶湖疏水開設による京都の発展

　そのような状況のなかでも，伏見の酒造は活力を失わなかった。いかに街がさびれても，山河の恵みは変わらない。もとは「伏水」とも表現された伏見は，扇状地の扇端にあるため伏流水が豊富に湧く。この湧水を使って酒造が続けられた。1890年には琵琶湖疏水が完成し，京都－琵琶湖間の新たな水運ルートが開通する（写真❹）。これにより，伏見の酒は京都経由の舟運で大津へ運べるようになった。さらに大阪から琵琶湖への舟運の一大中継地として，再びにぎわいをみせた。

　この琵琶湖疏水は，伏見だけでなく京都全体の再生に大きな役割を果たした。運河の落差を利用して水力発電が行われ，工場の新規立地とともに電気鉄道伏見線の運行が始まった。運河の水は都市用水や灌漑にも活用され，1894年の平安遷都1100年記念祭や1895年の内国勧業博覧会の開催などにもつながった。1912年に完成した第二疏水は，伏見での発電所新設による市営電車の開業，浄水場新設による水道事業の開始などをもたらし，今日の京都の基礎をつくりあげた。さらに疏水から分流させた疏水分線は，現在では南禅寺の水路閣や，東山山麓に沿った「哲学の道」とよばれる親水路として，京都東山観光の名所を提供している。琵琶湖疏水がもたらす水は，まさに京都の「命の水」といえよう。

日本

✚命の水がささえる伏見の酒造

　京都にとっての命の水が琵琶湖疏水の賜なら，伏見にとっての命の水は扇状地の賜である。京都盆地を囲む山に染みこんだ水が盆地の底に湧く。それを利用し，東山には豆腐店が多い。豆腐づくりには軟水が適している。染みこんだ水が年月をかけず湧出する場合，地中のミネラル分が溶け出す間がないため軟水となる。京友禅の店舗が京都の北西部に多いのも，鴨川の流れにさらすためであり，軟水である地表水を求めた結果である。それに対し伏見の湧水は，ややミネラル分を含む中程度の硬水となる。より長い時間をかけて地中を通ってくるためである。清酒醸造には，この中硬水が適する。つまり蔵元はこの秘蔵の水を知っていて伏見に集まったのである。豆腐や染め物は軟水を求め，酒造は硬水を求め，それぞれ京都盆地内で住み分けている。

　伏見の酒がうまいのは，酒造に適した中硬水であり，秀吉の時代から栄えた老舗ゆえの伝統の味だからである。それを味わうとき，龍馬をはじめとする幕末志士を想い，東京遷都と琵琶湖疏水完成による京都の衰勢に想いをはせる。自然地理の目で見れば，伏流水を豊富に貯める扇状地の地下構造まで想像がめぐる。だから伏見の酒はうまい。

写真❹　**インクライン**（京都市左京区蹴上，2013年）蹴上のインクラインは，南禅寺舟だまりと蹴上舟だまりの間，36mの落差をこえるために敷かれた傾斜軌道で，艇架台を用いて舟を上下させた。この開設により，大阪から伏見，京都を経由して琵琶湖へつながる舟運の道が完成した。

インクラインの艇架台（2013年）

　伏見の酒がうまいのは，扇状地の扇端に湧く水が酒造に適した中硬水であり，戦国，幕末の志士たちも愛した酒だから。

48｜伏見の酒はなぜうまい!?

49 山の上でなぜレンガがつくられる!?
人形峠のウラン採掘

Q 東京霞が関の文部科学省ビルに、人形峠製のレンガを活用した置物がある（写真❷）。人形峠といえば、日本で初めてウラン鉱床が発見され、採掘されたところだ。鳥取・岡山県境の山奥にある人形峠で、なぜレンガがつくられ、それがなぜ遠く東京まで運ばれたのか。そのレンガは人形峠で産出するウランと何か関係があるのか。

写真❶　**ウラン鉱石**（岡山県・人形峠科学技術センター展示館、2011年）ウランの成分は、紫外線を放射する電灯、いわゆるブラックライトで照らすと、緑色の蛍光色を発する。

✚鉱産資源としてのウラン

ウランは原子力発電の原料として欠かせない（写真❶）。精製原料わずか1グラムで2000万キロカロリーの熱を生み出すことができる。この熱量をほかの資源で生み出そうとすると、石炭で約3t、石油で約2tが必要となり、重量比でみると効率のいいエネルギー源であることがわかる。

そのウランは、カザフスタンやオーストラリアで産

図❶ ウラン含有濃度の分布
ウランは地中か海水中にありふれた元素だが，その濃度には地域差があり，日本では図のように西日本に高い地域が多い。

[産業技術総合研究所 地球化学図データベース]

写真❷ 人形峠製のレンガ
（東京都千代田区霞が関の文部科学省ビル，2010年）

出量が多い。どちらの国にも原子力発電所はないため，原子力発電を行っている国にその全量が輸出されている。地下資源の乏しい国がそれを輸入し，フランスは発電量の74％（2013年）を原子力が担う。

　日本で使うウランも輸入に頼る。しかしウランはごくありふれた元素であり，日本でも地中や海水中にふつうに存在する（図❶）。日本での確認埋蔵量は2007年の時点で6600 tあり，震災がおこった2011年より前の年間使用量が160 t前後であることから，その量の豊富さがわかる。

　では日本がウランを輸入しているのはなぜか。それは，資源として採掘できるほど濃度が高くないからである。図❶からウラン含有濃度の相対的に高い地域があることがわかるが，最も高い地域でも資源として利用可能な濃度にはおよばない。日本最大の鉱床は，約4500 tの確認埋蔵量がある岐阜県土岐市周辺の東濃地域であるが，そのウラン濃度は世界のウラン鉱山の平均と比べても著しく低く，採算がとれないため商業ベースでの採掘はされていない。しかし，日本でも商業採掘がなされた例がある。

写真❸　人形峠ウラン鉱床露頭発見の地の記念碑(2011年)　当時の鉱業権者である動力炉・核燃料開発事業団は現在，独立行政法人の日本原子力研究開発機構となっており，福井県の高速増殖炉「もんじゅ」や，茨城県の大強度陽子加速器施設(J-PARK)を運営している。

✚日本でのウラン商業採掘

　日本でウランが採掘されたのは，鳥取・岡山の県境にある人形峠である。人形峠は1955年，日本で最初にウラン鉱床の露頭が発見された地であり（写真❸），ウランの確認埋蔵量は約2000tで日本全体の25％を占める。東濃地域や人形峠では，なぜウラン鉱床が形成されたのか。

　ウランはもともと花崗岩に多く含まれる。その花崗岩中を地下水が流れるとき，ウランが地下水に溶け出す。この地下水がウランを吸着しやすい地層に達すると，ウランが濃集していく。濃集したウランが湖底堆積物などの地層でおおわれると，地中に固定され，ウラン濃集層となる。このような条件がそろったのが東濃地域や人形峠だった。人形峠近くにある鳥取県の三朝温泉は，高濃度のラジウム温泉，またはラドン温泉として知られる。ラジウムやラドンは，いずれもウランが放射線を出しながら変化してできた元素である。弱い放射線により身体の新陳代謝が活発となり，免疫力が高まる効果があるとされる。

　この鳥取県三朝町にも，東京の文科省ビルと同じ人形峠製のレンガが使われた公園や広場がある。これらのレンガは，なぜ人形峠でつくられたのか。

✚人形峠にレンガ加工場がある理由

　奥深い山道を登った先の峠に，大きな白い建物がある（写真❹）。これが，日本原子力開発機構の運営するレンガ加工場である。人形峠のウラン採掘で出た残土を，レンガに加工しているのである。

　人形峠一帯の鉱山では，総延長34kmの坑道および露天掘りにより，約8万5500tのウラン鉱石が産出された。鉱石はその場で精錬されたため，峠は一時，にぎわいをみせた。採算性の問題から，採掘は1987年に終了し，その

写真❹　人形峠レンガ加工場（鳥取県三朝町, 2011年）
2008年4月の操業開始から2010年12月の操業終了までの間に, レンガ145万個を製造した。

間約84tのウランが抽出された。約45万m³の残土は, この間の操業に伴うものである。残土はしばらく放置されていたが, 放射性物質による影響を懸念した地域住民の訴えにより, 撤去されることになった。しかし受け入れ先はない。そこで実施されたのが, 残土を活用したレンガ製造である。レンガから出る放射能は毎時0.22マイクロシーベルトと, ふつうの花崗岩から出る値と同程度であるため, 安全性に問題はないとされる。一般向けにも販売したので, その周知と利用促進のため日本原子力開発機構の所管官庁である文部科学省が率先して利用した。それが写真❷のレンガである。

＋ウランの原発以外の利用

ウラン鉱石は, 原子力発電以外にも利用されてきた。ウランの粉末をガラスに混ぜてつくったウランガラスは, 飾り物や食器などに重宝された。ウランガラスは, 紫外線を放射する電灯, いわゆるブラックライトで照射すると鮮やかな緑色の蛍光色を発する。朝夕の弱い太陽光線に照らされると, 薄暗い部屋の中でぼわーっと輝くのが美しく, 特にヨーロッパでは古くから人気があった。

スタジオジブリ製作の映画「天空の城ラピュタ」にもウランの利用がうかがえる。登場人物の一人ポムじいさんが, 主人公のシータとパズーを案内した廃坑で緑色に輝いたのはウラン鉱石だろう。ラピュタとよばれる城を天空に浮かばせ続けるエネルギーの根源「飛行石」は, 濃縮ウランをイメージさせる。ラピュタは結局崩壊したが, 飛行石は残った。それが何を比喩するのか。放射性廃棄物の処理問題, 原子力発電の安全性の問題などをかかえる現代文明の光と影を, 東京のレンガが映し出す。

 山の上でレンガがつくられるのは, 人形峠でかつて操業したウラン鉱石の採掘に伴う残土を有効活用するため。

50 温帯の森になぜ落葉樹がみられない!?
屋久島の植生

Q 日本の温帯景観を特徴づける落葉広葉樹，その分布は九州の山地から北海道の平野部まで広範にわたる。ところが屋久島に行ってみると，その落葉広葉樹がほとんどみあたらない。海岸沿いの亜熱帯から山頂付近の高山帯まで気候の垂直分布が典型的な屋久島で，照葉樹林帯の上部にいきなりヤクスギ主体の針葉樹林帯（写真❶）があらわれる。この景観は，本州の山地風景に慣れた目には違和感がある。屋久島に落葉広葉樹林帯が欠けるのはなぜだろうか。

✚屋久島に雨が多い秘密

　屋久島は雨が多い。年間降水量は，屋久島町役場のある小瀬田でおよそ4300mm，島南東部に位置する安房川流域の山中ではおよそ8700mmに達する。東京で1500mm，本州で最多の尾鷲でも3900mmなので，屋久島の降水量の多さはきわだっている。

　このように降水量が多いのは，海からの湿った風が屋久島の山にぶつかって雨となるからである。湿った風が山にぶつかると，なぜ雨が降るのか。海からの湿った空気の塊は，山腹に沿って強制的に上昇させられる。上昇すると気圧が下がるため，空気の塊は膨張する。空気塊が膨張すると，その空気塊自体の温度が下がる。温度が低下すると，その空気塊が含んでいられる限界の水蒸気量が下がる。この飽和水蒸気量の値が，もともと含まれていた実際の水蒸気量の値を下回ると，水蒸気は凝結して雲粒となる。雲粒がさらに上昇を続けると，しまいには雨粒となって地上に落ちてくる。

　屋久島周辺の海には暖流の黒潮が流れているため，屋久島に吹く風はつねにあたたかく湿っている。つまり，風が山にぶつかり空気塊がわずかに上昇するだけで，飽和水蒸気量をこえてしまう。このように多雨となる条件がそ

ろっているのである。この雨の多さが，屋久島に落葉広葉樹林帯がない秘密の鍵となる。

✚屋久島の広葉樹が葉を落とさない秘密

ブナに代表される落葉広葉樹は，日本では冬に葉を落とす。これは普通，寒さから身を守るためと考えがちである。たしかに，幹の内部まで凍結するような厳しい寒さの地域では，導管液が凍結して水分を枝葉に送れなくなるため，葉を落として休眠状態に入る。しかし，気温がほとんど氷点下にならない地域にも落葉広葉樹は分布し，しかもその葉を落とす。このことから，落葉広葉樹が葉を落とすのには，別の理由もあることがわかる。

その理由を解くヒントが，サバナにある。サバナでは太陽高度は1年を通して高く，バオバブなどの広葉樹は光合成をするのに都合がいい。それにもかかわらず，広葉樹がいっせいに葉を落とす季節がある。それは，乾季が到来したときである。サバナの樹木が葉を落とすのは，乾燥から身を守るためにほかならない。ではなぜ広葉樹は乾燥に弱いのか。広葉樹の葉は太陽の光を効率的に受けるため，面積がある。しかし，それゆえに葉から多くの水分が蒸散してしまう。蒸散量が多いため，葉を維持するために多量の水分が必要となる。つまり乾燥する季節を乗り切るために，広葉樹は葉を落として必要な水分量を節約するのである。

日本でもこれが当てはまる。里山や雑木林によく見られるクヌギやコナラ，また街路樹で馴染みのケヤキやハナミズキなどの落葉広葉樹は，葉を落とすのがいずれも冬である。では冬が乾燥していると本当にいえるだろうか。東京を例に確認してみる（図❶）。夏季（6〜8月）および冬季（12〜2月）の降水量を比

写真❶　ヤクスギ（2002年）樹齢1000年をこえると屋久杉，それより若いと小杉と区別されることがある。しかし本来，若い杉であってもヤクスギには違いはない。

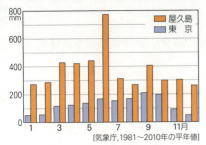

図❶　屋久島と東京の月別降水量

較してみると，夏季が482mmに対して冬季が148mmと，明らかに冬季の方が少ない。しかし，最少の12月でも40mm程度あり，葉を落とさずとも生育は可能だ。

そこで次に，葉からの蒸散に影響を与える湿度を比較する。夏季の平均が73％に対し，冬季の平均は51％。冬季の方で小さくなっているものの，やはり致命的なほどの値ではない。では，風はどうか。風速10m/s以上の日数は，夏季で3.3日に対して冬季で8.3日と明らかに差がある。乾燥した強い風は，葉の気孔から水分を強力に奪う。それを補うには，成木1本で1日に1tもの水分を根から吸い上げる必要がある。降水量の少ない冬季にそれは難しい。つまり冬季に乾燥した強い風が吹く本州では常緑広葉樹の分布は限られ，したがって落葉広葉樹が優占するのである。

これを踏まえれば，屋久島に落葉広葉樹がない秘密がわかる。冬季でも降水量が多いために広葉樹は葉を落とす必要がなく，したがって落葉広葉樹の進出する余地がなかったのである。

＋ヤクスギの秘密

屋久島では，海岸から内陸の山地にかけての植生変化が著しい。まず海岸には，ガジュマルなどのマングローブが点在する。海岸沿いから山腹下部にかけては，スダジイやウラジロガシなどの照葉樹が優占する。標高800mをこえるとヤクスギ中心の針葉樹が見られるようになる。ヤクスギは，植林地の杉のように背が高くないが，長生きする。これは，樹脂分を多くもつためである。樹脂は，屋久島の多湿で木が腐るのを防ぐはたらきがある。最古の木といわれる縄文杉は，樹齢が2000年とも7000年ともいわれている。

標高1600mをこえるとヤクスギはまばらになり，森林限界となる。この森林限界の高度は，1年を通して吹く強風のために著しく低い。この森林限界より上では，シャクナゲなどの低木およびヤクザサの草原が広がる（**写真❷**）。そのなかにオブジェのように鎮座する割れた花崗岩の巨岩から，屋久島の多雨による風化・侵食作用の激しさがわかる（**写真❸**）。

落葉広葉樹林を欠いた垂直分布は日本では珍しいが，世界に目を向ければ，雨の多い温暖な地域に一般的な現象である。p.25で紹介したマレーシア・キ

写真❷ 小花之江河の寒冷高層湿原
（2002年）手前にヤクジカが2頭いる。屋久島の最高峰である宮之浦岳（1936m）の山頂一帯は、平均気温6℃で亜寒帯気候となり、高山植物が生育する。海岸から山頂にかけての植生の垂直分布は、世界自然遺産登録審査時の評価ポイントともなった。

写真❸ 高盤岳（1711m）山頂にある花崗岩のトア
（2002年）トアとは基盤岩が侵食から残り、塔状に高まった地形のこと。屋久島の地質は花崗岩が主体で、その風化土壌は貧栄養のため樹木の成長は遅く、ヤクスギの寿命が長い一因となっている。

写真❹ 海岸の海亀産卵地（永田浜,2002年）
海亀は大潮となる満月の夜に多く産卵し、その足跡を砂浜に残す。海亀の産卵する砂浜は、屋久島の山から海岸へつながる自然の豊かさを象徴する。永田浜は2005年、ラムサール条約登録地になった。

ナバル山（4095m）も、常緑広葉樹林帯の上部が針葉樹林帯、さらに森林限界をこえると本来より低い高山帯が出現していた。両地域とも、その植生の垂直遷移による生物多様性が評価され、世界自然遺産に登録された（**写真❹**）。縄文時代から生き続けるヤクスギが屋久島で多雨と共生する姿は、自然環境に適応して生きることの大切さを、見る者に語りかけている。

> 温帯の屋久島に落葉樹がみられないのは、年間を通して雨が多く、広葉樹は葉を落として水を節約する必要がないから。

サンゴvsマングローブ どちらが強い!?
八重山の海岸

Q 沖縄県八重山列島の海岸には，サンゴ礁やマングローブがある（写真❶）。サンゴ礁は，サンゴ虫の骨格が積み重なったもので，いわば動物がつくる地形である。一方マングローブは，根が海水につかる樹木が密生したもので，こちらは植物である。どちらも熱帯・亜熱帯の海岸付近に特有の生き物であり，場所を取り合うライバルのようにみえる。ハブvsマングースならぬサンゴvsマングローブ，どちらが強いのか。

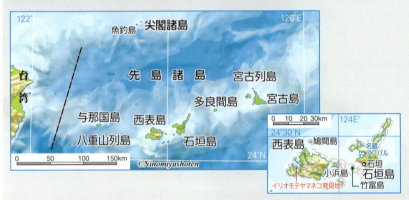

＋サンゴ礁の生育環境

写真❶　マングローブ（石垣島名蔵アンパル，2012年）タコの足のような根を張るヤエヤマヒルギ。酸素の少ない泥質土壌で生きるため，多くの呼吸根をもつ。

サンゴ礁は動物がつくる。サンゴ礁をつくる造礁サンゴは刺胞動物であり，そのサンゴ虫の1匹が海底の岩礁に流れ着くところから，サンゴ礁の形成が始まる。サンゴ虫は波で流されないよう，炭酸カルシウムを分泌し，石灰岩の硬い骨格をつくって海底に固着する。プランクトンをより多く捕食するために，骨格を周囲に伸ばしていく。1匹では

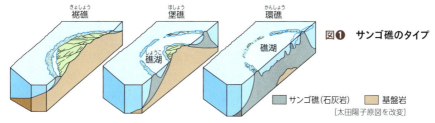

図❶ サンゴ礁のタイプ
[太田陽子原図を改変]

捕れる量に限界があるため，多くのクローンを生み，それを密集させて成長する。その石灰岩の群体がサンゴ礁である。

　サンゴ虫がサンゴ礁をつくる場所は，陸地周辺である。これは，サンゴが浅い海でしか生きられないからである。浅い海では，海底まで陽光が届く。その陽光で光合成をする藻類がサンゴに共生し，酸素やエネルギーをサンゴに与えて成長を助けているためである。陸地にほぼ接して発達したサンゴ礁を裾礁（図❶）とよび，内側に浅い礁湖を伴う（写真❷）。

　サンゴ礁の発達する陸地や島は沈降しつつあるものが多く，この場合サンゴは骨格を上へ上へと伸ばしていく。年5mm～10cmほどの速さで成長できるので，海岸の侵食や地球規模での氷河の消長による海水準変動には十分対応できる。中央の島が沈降していく過程で，陸地との間に礁湖を隔て沖合に連なるサンゴ礁となり，これを堡礁とよぶ。オーストラリアのグレートバリアリーフでは，陸地からサンゴ礁までの距離が100kmをこえる規模のものもある（写真❸）。さらに島が沈降して陸地がなくなると，サンゴ礁だけが環状に連なった環礁があらわれる。サンゴ礁は天然の防波堤となり，環礁の内側の水面はつねに波が穏やかである。このようにサンゴ礁は，その地下に

写真❷　裾礁の形態を示すサンゴ礁（与那国島ウブドゥマイ浜，2012年）沿岸に連なるサンゴ礁で波が砕け，その内側の礁湖（ラグーン）は静かな水面となる。

写真❸　堡礁（ニューカレドニア，グランドテール島沿岸，2016年）写真左が堡礁（バリアリーフ）形態のサンゴ礁で，その右に広大な礁湖が広がる。沖合のサンゴ礁で外洋からの波が砕け，礁湖は穏やかな海になっている。

写真❹　河口部のサンゴ礁(石垣島, 2012年)
マングローブは河口部の汽水域に，サンゴは河口部を避けて生育している。棲み分けているように見えるが，それぞれの存在がお互いの生育環境を保護することにもなっている。

累々と石灰岩を積み上げて成長し続けている。サンゴ礁をボーリングした結果，石灰岩が1000m以上に達する例もあった。

　年5mm～10cmというスピードで成長できるのだったら，八重山列島の沿岸をすべて取り囲むことができてもよさそうだ。しかもサンゴは，浅海で水の澄んだ暖水域を好むので，生息環境としては最適だろう。しかし，場所によってマングローブの進出に負けている。なぜサンゴ礁は八重山列島の海岸をすべて占領できないのか。

✚ マングローブが好む環境

　マングローブは，潮の干満により海水と淡水が混じり合う汽水の環境に生育する樹木群で，八重山列島ではヤエヤマヒルギなどの種が見られる。石垣島にある干潟の名蔵アンパルでは，少なくとも3種のマングローブが，海洋に面した砂浜から干潟の奥まで密生している。ほかの植物が入りにくい汽水域に生育できるのは，耐塩性があり，根をたくさんもつためである。地表面より上で枝分かれするこの根は呼吸根といい(写真❶)，木が波にさらわれないための支柱の役割とともに，地中から酸素を得るために重要なものである。マングローブの生育する干潟や浜辺は，川が運んでくる泥が堆積した泥質土壌が多いので，地中に酸素が少ない。そのため，呼吸根を多くもつよう進化し，汽水の環境に適応した。つまりマングローブの分布は，干潟や河口付近の海岸など，砂泥の供給があるところが中心となる。

✚ サンゴとマングローブの相互依存

　この砂泥の供給の有無が，両者の分布を決めるポイントとなる。造礁サンゴの生息条件を詳しくみると，海底が硬い岩石からなること，流動が激しく酸素の供給が多いこと，土砂の供給が少なく澄んだ海水であること，などである。いずれも，マングローブの生育条件と相反する。つまりサンゴとマングローブは，お互い棲み分けることで，争いをうまく避けているのである(写真❹)。もっとも，争いどころか両者は相互依存の関係にある。サンゴ礁が

写真❺　ガマ(沖縄本島糸数壕，2004年)　太平洋戦争の沖縄戦では，アメリカ軍の進撃の前でガマが野戦病院や住民の避難所となった。戦争を学ぶ場として，現在も多くの修学旅行生が訪れる。

波を静かにしてくれるおかげでマングローブは生育できるし，マングローブが砂泥の流出を減らし，水を浄化するためサンゴが発達できるのである。

また，両者は人間生活にも恵みをもたらす。どちらも魚に棲み家を与えることで，漁業資源を豊かにする。サンゴ礁は観光資源となり，石灰岩の鍾乳洞「ガマ」をつくることで戦時中は人を助け(写真❺)，また現在は島の水資源確保に役立っている。石灰岩に染み込んだ地下水が，深部の不透水層の上に蓄えられることを利用し，地下ダムがつくられている。宮古島には三つの地下ダムがあり，さとうきび畑の灌漑に役立っている。またマングローブは，薪炭材としてだけでなく，海岸侵食や津波を軽減する防波堤ともなる。近年ではマングローブの水質浄化作用が注目され，与那国島の祖納地区では，1992年から植樹されている。

この祖納集落は，漁業や台湾との交易で栄えた(写真❻)。ところが1960年代，与那国島に高等学校の誘致ができなかったことをきっかけに，過疎化が急速に進む。最盛期に700名をこえた小学生は，現在100名を切る。サンゴとマングローブの間に共存関係があるように，島の暮らしと学校との間にも共生の関係があったのである。

写真❻　台湾で購入され与那国島に持ち帰られた日本本土製の皿(与那国民族資料館，2012年) 左上の囲みは皿の裏に刻印された「占領下日本製」の表示。与那国島では戦前から戦後の一時期にかけ，台湾との交流が盛んだった。

A　サンゴとマングローブは，浅い海岸部と川の河口部に棲み分けて共存しており，強さを争うどころか相互依存の関係にある。

51｜サンゴ vs マングローブ どちらが強い!?

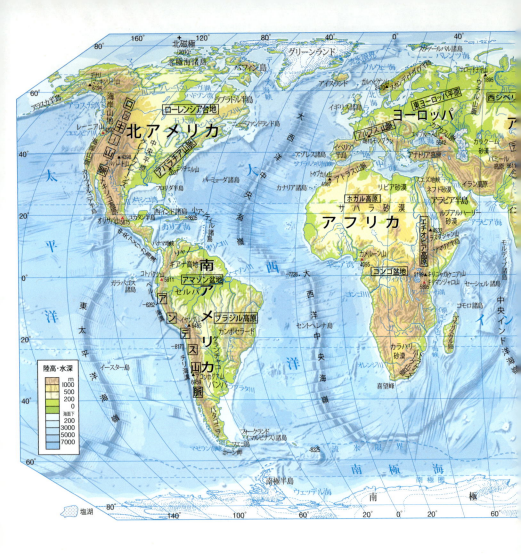

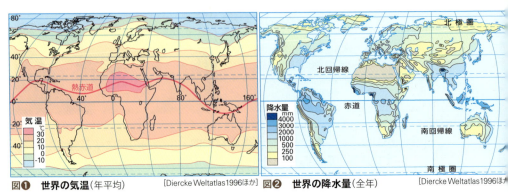

図❶ 世界の気温(年平均) ［Diercke Weltatlas 1996ほか］

図❷ 世界の降水量(全年) ［Diercke Weltatlas 1996ほか］

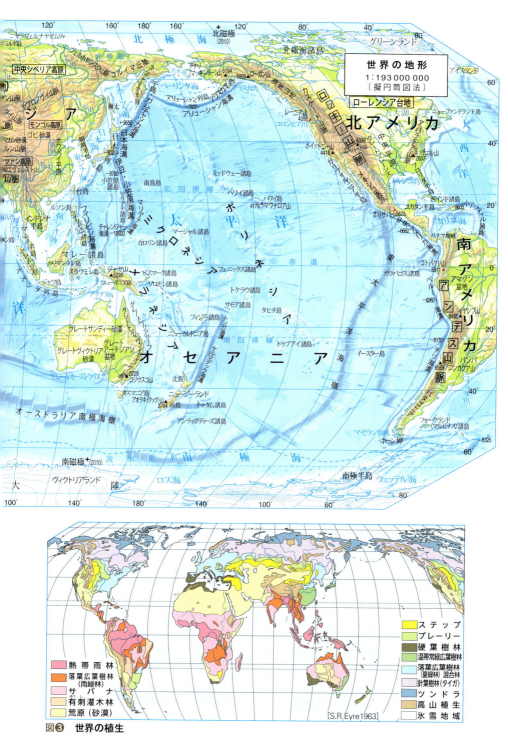

1 | 山の中になぜ堤防がある!?
来村多加史（2003）『万里の長城 攻防三千年史』講談社現代新書
万博茫林冬有限公司編著（2008）『長城』外分出版
町田貞（1984）『地形学』大明堂

2 | 渡り鳥はなぜ集まる!?
小田川興（2008）『38度線 非武装地帯をあるく』高文研
The IUCN Red List of Threatened Species Webサイト　http://www.iucnredlist.org/

3 | 4万もの島はなぜ密集する!?
産業技術総合研究所（2006）『きちんとわかる巨大地震』白日社
松山洋・川瀬久美子・辻村真貴・高岡貞夫・三浦英樹著（2014）『自然地理学』ミネルヴァ書房
横山一己監修・宮下敦著（2006）『ゼミナール地球科学入門 よくわかるプレート・テクトニクス』日本評論社
岩田修二（2011）『氷河地形学』東京大学出版会
アメリカ地質調査所（USGS）Webサイト　http://www.usgs.gov/

4 | 熱帯雨林になぜ雲がわく!?
高畑滋（2010）『湧き上がる雲の下で　ボルネオの自然と暮らし』共同文化社
角屋重樹（2012）『学校における持続可能な発展のための教育（ESD）に関する研究 最終報告書』国立教育政策研究所教育課程研究センター

5 | 棚田はなぜつくられた!?
Lindsay Bennett (2008) Globetrotter island guide Philippines. New Holland Publishers (UK) Ltd. London
大野拓司・寺田勇文編著（2009）『現代フィリピンを知るための61章 第2版』明石書店

6 | 高原のコーヒーはなぜ味わい深い!?
NUMA（2009）『パプアニューギニア―地球の揺りかごを巡る旅』ダイヤモンド社
James Sinclair (1999) Papua new guinea. Crawford House Publishing Pty. Ltd.

7 | ライオンはなぜ水を吐く!?
田村慶子編（2013）『シンガポールを知るための65章 第3版』明石書店
Singapore's National Water Agency (2013) The Singapore water story.
Cecilia Tortajada (2006) Water Management in Singapore. Water Resources Development, Vol.22, No.2, pp.227-240.

8 | ヒマラヤ山中になぜ水の都が!?
大西久恵（2011）『ラダックと湖水の郷カシミール』書肆侃侃房

9 | エヴェレスト登山はなぜ春がいい!?
針谷宥ほか（1996）『概説地球科学』朝倉書店
小野有五（1999）『ヒマラヤで考えたこと』岩波ジュニア新書
P. Tapponnier, G. Peltzer and R. Armijo (1986) On the mechanics of the collision between India and Asia. Geological Society, London, Special Publications vol.9, pp.113-157.
International Centre for Integrated Mountain Development (2011) Glacial lakes and glacial lake outburst floods in Nepal. Global Facility for Disaster Reduction and Recovery of the World Bank

10 | 石油はなぜ砂漠に眠る!?
藤田和男監修（2007）『トコトンやさしい石油の本』日刊工業新聞社
槇島公（2006）『ドバイがクール』三一書房
池田敦（2015）「油田はどういう場所に多いでしょう？」地理60-10, pp.82-88，古今書院

11 | 巨大土石流はなぜおこる!?
北海道新聞社編（2002）『ロシア極東2 カムチャツカ』北海道新聞社
アンドレイネチャヤヴ（2010）Miracles of Kamchatka Land
"Kamchatka Explorer". Kamchatka's tourism and Visitors guide 2011, No.3

12 | イギリスの鉄道は本当に速い!?
近藤久雄，細川祐子（2003）『イギリスを知るための65章』明石書店
蟻川明男（2007）『世界遺産地名語源辞典』古今書院
Teresa Paddington (2011) The London Pocket Bible. Crimson Publishing
地球の歩き方編集室（2007）『トーマスクック ヨーロッパ鉄道時刻表 日本語解説版 2007 夏』

13 | パリの都心はなぜ明るい!?
山本正三・石井英也・三木一彦訳（2005）『ヨーロッパ 一文化地域の形成と構造』二宮書店
梅本洋一・大里俊晴・木下長宏編著（2012）『エリアスタディーズ5 パリ・フランスを知るための44章』明石書店
NPO法人世界遺産アカデミー監修，世界遺産検定事務局著作（2012）『すべてがわかる世界遺産大辞典〈下〉世界遺産検定公式テキスト』愛知和男（NPO法人世界遺産アカデミー会長）発行
蟻川明男（2013）『なるほど世界地名辞典④ ヨーロッパⅡ・北アフリカ』大月書店
蟻川明男（2007）『世界遺産地名語源辞典』古今書院

14 | ピレネーの山中になぜ人が集まる?
Sandrine Banessy (2014)『Toulouse Ville Rose』TME editions
アンドラ観光局公式WEBサイト

15 | マッターホルンはなぜ天を突く!?
池田宏 (2001)『地形を見る目』古今書院
岩田修二 (2011)『氷河地形学』東京大学出版会

16 | カウベルはなぜ雨をよぶ!?
坂本英夫 (2012)『地理の目で歩くスイス・アルプス』ナカニシヤ出版
大畑貴美子 (2015)「登れ,マッターホルン」山と渓谷 2015年4月号, pp.88-110
E. ウィンパー著, 浦松佐美太郎訳 (1982)『アルプス登攀記(下)』岩波クラシックス

17 | 遺体はなぜ2000年も残った!?
金子史朗 (1988)『ポンペイの滅んだ日』原書房
町田貞 (1984)『地形学』大明堂
池谷浩 (2003)『火山災害 —人と火山の共存をめざして』中公新書

18 | 鉄道はなぜ山脈をこえる!?
田渕洋ほか編著 (1985)『新版自然環境の生い立ち —第四紀と現在』朝倉書店
LKAB社 Webサイト　http://www.lkabminerals.com/

19 | ツンドラになぜ蚊が多い!?
H. M. フレンチ著・小野有五訳 (1984)『周氷河環境』古今書院
福田正己ほか編 (1984)『寒冷地域の自然環境』北海道大学図書刊行会

20 | 湖は平原になぜひしめく!?
藤井理行ほか (1997)『基礎雪氷学講座IV 氷河』古今書院
田渕洋ほか編著 (1985)『新版自然環境の生い立ち —第四紀と現在』朝倉書店
福田誠治 (2006)『競争やめたら学力世界一』朝日新聞社

21 | ヒマワリはなぜ栽培される!?
北川誠一ほか (2006)『コーカサスを知るための60章』明石書店
輪島実樹 (2008)『カスピ海エネルギー資源を巡る攻防』東洋書店
蟻川明男 (2007)『世界遺産地名語源辞典』古今書院

22 | オアシス料理はなぜうまい!?
門村浩・勝俣誠編 (1992)『サハラのほとり サヘルの自然と人びと』TOTO出版
白土裕美子 (2014)「自由へのオイル,アルガン」アゴラ 2014年6月号 pp.12-21, 日本航空株式会社
都城秋穂 (1979)『岩波講座 地球科学16 世界の地質』
私市正年・佐藤健太郎編著 (2007)『モロッコを知るための65章』明石書店
James Bainbridge, Alison Bing, Paul Clammer, Helen Ranger (2011) Lonely planet Morocco 10th edition. Lonely Planet Publications Pty. Ltd.

23 | ヌーの大群はなぜ移動する!?
水野一晴編 (2005)『アフリカ自然学』古今書院
David Round-Turner and Camerapix (2007) The Beauty of the Massai Mara. Camerapix Publishers International

24 | アフリカになぜ巨大な氷壁が!?
水野一晴編 (2005)『アフリカ自然学』古今書院
岩田修二・小疇尚・小野有五編 (1995)『世界の山やま アジア・アフリカ・オセアニア編』古今書院
藤井理行ほか (1997)『基礎雪氷学講座IV 氷河』古今書院
C. Downie and P.Wilkinson (1972) The geology of Kilimanjaro. The Department of Geology, The University of Shefield
G. M. Hickman and W. H. G. Dickins (1973) The Lands and Peoples of East Africa. Longman

25 | ロッキーはなぜ「岩の山脈」!?
岩田修二・小疇尚・小野有五編 (1995)『世界の山やま ヨーロッパ・アメリカ・両極編』古今書院
小山正忠 (1986)『土壌学』大明堂
Alan H. Strahler and Arthur N. Strahler (1992) Modern physical geography 4th ed. John Wiley & Sons, Inc.

26 | 船はなぜ滝を登る!?
岩田修二 (2011)『氷河地形学』東京大学出版会
D'arcy Jenish (2009) The St. Lawrence Seaway Fifty years and counting. Penumbra Press
Travelpic Publications edited (2005) Images of Niagara Falls. Travelpic Publications
Paul Gromosiak (1989) Answers to The 100 Most Common Questions About Niagara Falls.Western New York Wares Inc.

27 | ニューヨークはなぜ大都会!?
町田貞 (1984)『地形学』大明堂
池田智・松本利秋 (2009)『早わかりアメリカ』日本実業出版社
越智道雄 (2012)『ニューヨークからアメリカを知るための76章』明石書店
Historical Documents Co. (1993) The History of the American Revolution

"Mount Monadnock Trail Map". Outdoor Maps & Guides (2012)
TBSブリタニカ (1979)『カラー百科目で見る世界の国北アメリカ』
モナドノック州立公園Webサイト http://www.nhstateparks.org/explore/state-parks/monadnock-state-park.aspx

28 | 岩はどこへ消える!?　29 | コロラド川はなぜ「赤い川」!?
池田宏 (2001)『地形を見る目』古今書院
Donald L. Baars (1998) Beyond the spectacular in Monument Valley Navajo tribal park. Canon Publishers Ltd.
Department of the interior bureau of reclamation (1976) Construction of Hoover Dam. KC Publications

30 | 海面より低い土地がなぜある!?
ロム・インターナショナル (2003)『図解世界地図と不思議の発見』河出書房新社
デスヴァレー国立公園Webサイト　http://www.nps.gov/deva/
Michael Collier (1990) An Introduction To The Geology of DEATH VALLEY.
Automobile Club of Southern California (2000) Death Valley National Park Guide Map.
"Death Valley Visitor Guide 2008/2009"

31 | 赤道の国になぜ雪が降る!?　32 | アンデスの民はなぜ山の上に暮らす!?
坂井正人・鈴木紀・松本栄次編 (2007)『ラテンアメリカ 朝倉世界地理講座 一大地と人間の物語』朝倉書店
松本栄次 (2012)『写真は語る 南アメリカ・ブラジル・アマゾンの魅力』二宮書店
深尾良夫 (1985)『地震・プレート・陸と海』岩波ジュニア新書
岩田修二・小疇尚・小野有五編 (1995)『世界の山やま ヨーロッパ・アメリカ・両極編』古今書院
高野潤 (2001)『インカを歩く』岩波新書
新木秀和編著 (2006)『エクアドルを知るための60章』明石書店
力武常次 (1992)『地球科学ハンドブック』聖文社

33 | 海岸になぜアルパカがいる!?
Masamu Aniya and Renji Naruse (2012) Glaciological and Geomorphological Researches in Patagonia: 2003-2009 with Summary of GRPP Activities for 1983-2009.
稲村哲也 (1995)『リャマとアルパカ アンデスの先住民社会と牧畜文化』花伝社
上田一生 (2006)『ペンギンは歴史にもクチバシをはさむ』岩波書店

34 | 沸騰する海がある!?
町田洋・白尾元理 (1998)『写真で見る火山の自然史』東京大学出版会
兼岡浩毅 (2004)『地球は火山がつくった 地球科学入門』岩波ジュニア新書
Macdonald and Hubbard (2007) Volcanoes of the national parks in Hawaii. Hawaii natural history association
Katherine Orr and Mauliola Cook (2007) Discover Hawaii's birth by fire volcanoes. Island Heritage Publishing

35 | 火に耐える木がなぜある!?　36 | 乾燥の大陸でなぜ水力発電ができる!?
福田達朗ほか (2004)『オーストラリアの不思議100』阪急コミュニケーションズ
Geoff Whale (2008) Family Bushwalks in the Snowy Mountains: a pocket guide to day walks in Kosciuszko National Park. Second edition. GRW Publishing

37 | 風の谷になぜアボリジニは住む!?
岩田修二・小疇尚・小野有五編 (1995)『世界の山やま　アジア・アフリカ・オセアニア編』　古今書院
河出書房編集部 (2000)『オーストラリアの大自然を楽しむ本』河出書房

38 | ペンギンはなぜ南半球だけにいる!?
上田一生 (2001)『ペンギンの世界』岩波書店
井田仁康 (1996)『ラブリーニュージーランド』二宮書店
いとう良一 (2007)『やっぱりペンギンは飛んでいる!』技術評論社
Glen Coates (2002) The Rise and Fall of the Southern Alps. Canterbury University Press.
Institute of Geological & Nuclear Science (1999) The Franz Josef and Fox Glaciers. Kahu Publishing Limited
Eileen McSaveney and Rupert Sutherland (2005) New Zealand Adrift. Institute of Geological & Nuclear Science

39 | 流氷はなぜ押し寄せる!?
北海道新聞社編 (2004)『北海道百科知床』北海道新聞社
自然公園財団編 (2003)『知床国立公園パークガイド知床』自然公園財団
世界食料計画 (FAO) Webサイト　http://www.fao.org/nr/water/

40 | 「幻の湖」はなぜ出現する!?
五百澤智也 (2007)『山と氷河の図譜』ナカニシヤ書店
高橋伸幸 (1995)「凍土の融解期における大雪山白雲岳火口湖の消滅」北海道地理 No.69
天野哲也ほか編著 (2006)『ヒグマ学入門』北海道大学出版会

41 | 標高1000mになぜ高山植物がある!?
株式会社TEM研究所 (2001)『佐渡金山』ゴールデン佐渡
小泉武栄 (2012)「佐渡島 (海岸地形編) 日本海に浮かぶ島の地形はどうつくられたか」地理57-2, 古今書院
小泉武栄 (2012)「佐渡島 (植生編) 美しい花を眺めて島の自然を考える」地理57-3, 古今書院
針谷宥ほか (1996)『概説地球科学』朝倉書店

農林水産省Webサイト　http://www.maff.go.jp/j/pr/aff/1109/spe1_02.html

42│日本に寒帯がある!?
池田敦・岩花剛 (2010)「富士山頂の凍土融解過程の検討 ─永久凍土の長期変動に関する予察的研究」地学雑誌 119-5, pp.917-923
藤井理・樋口敬二 (1972)「富士山の永久凍土」雪氷 34-4, pp.173-186
池田宏 (2001)『地形を見る目』古今書院
小泉武栄・清水長正編 (1992)『山の自然学入門』古今書院
富士砂防事務所Webサイト　http://www.cbr.mlit.go.jp/fujisabo/index.html

43│扇央になぜ水田がある!?
貝塚爽平・太田陽子・小疇尚・小池一之・野上道男・町田洋・米倉伸之編 (1985)『写真と図でみる地形学』東京大学出版会
日本地下水学会編 (2009)『新・名水を科学する ─水質データからみた環境』技報堂出版
斉藤享治 (1998)『大学テキスト日本の扇状地』古今書院
大山正雄・大矢雅彦 (2004)『大学テキスト自然地理学下巻』古今書院
目代邦康 (2011)『子供の科学サイエンスブックス 地形探検図鑑 大地のようすを調べよう』誠文堂新光社
池田宏 (2001)『地形を見る目』古今書院
国交省水管理・国土保全局Webサイト, 黒部市Webサイト

44│氷河はなぜ剱・立山にある!?
福井幸太郎・飯田肇 (2012)「飛騨山脈, 立山・剱岳山域の3つの多年性雪渓の氷厚と流動 ─日本に現存する氷河の可能性について」雪氷 74-3, pp.213-222
岩田修二 (2011)『氷河地形学』東京大学出版会
吉村昭 (1975)『高熱隧道』新潮文庫

45│岩の山になぜ「窓」がある!?
新田次郎 (1981)『剱岳 点の記』文春文庫
青山雅史 (2007)「剱岳 立山の地形教室」月刊地図中心 417号 財団法人日本地図センター
清水長正編 (2002)『百名山の自然学 西日本編』古今書院

46│ライチョウはなぜ冬山に棲む!?
中村浩志 (2006)『雷鳥が語りかけるもの』山と渓谷社
小疇尚 (1999)『大地にみえる奇妙な模様』岩波書店

47│合掌造りはなぜつくられた!?
宮澤智士 (2005)『白川郷合掌造Q&A』智書房
馬路泰蔵 (2009)『知られざる白川郷 床下の焔硝が村をつくった』風媒社
鈴木晃志郎 (2013)「白川郷・五箇山の合掌造り集落は何を語るか」地理 58-11, 古今書院

48│伏見の酒はなぜうまい!?
京都市上下水道局編 (2012)『琵琶湖疏水記念館』パンフレット
琵琶湖疏水を語る部屋　主宰 中西一彌 (2012)『琵琶湖疏水の歴史散歩 近代化遺産をたどる 疎水本線ガイドマップ (改訂版)』近代京都の礎を観る会
植村義博・上野裕編 (1999)『京都地図物語』古今書院
月桂冠Webサイト　http://www.gekkeikan.co.jp/index.html

49│山の上でなぜレンガがつくられた!?
土井淑平, 小出裕章 (2001)『人形峠ウラン鉱害裁判』批評社
茨城県原子力に関する副教材作成検討委員会 (2007)『高校生のための原子力ブック』茨城県生活環境部原子力安全対策課
川妻伸二 (2011)「ウランからの贈り物 ラジウム温泉」日本原子力開発機構, 季刊「未来へげんき」No.21, pp.14-15
東濃地科学センターWebサイト　http://www.jaea.go.jp/04/tono/kenkyusitu/web/uran/u0405.html
財団法人 高度情報科学技術研究機構Webサイト　http://www.rist.or.jp/atomica/index.html
産業技術総合研究所データベース　http://riodb.ibase.aist.go.jp/

50│温帯の森になぜ落葉樹がみられない!?
日下田紀三 (2002)『屋久島 自然観察ガイド』
青山潤三 (2008)『屋久島 樹と水と岩の島を歩く』
湯本貴和 (1995)『屋久島 巨木の森と水の島の生態学』

51│サンゴ vs マングローブ どちらが強い!?
久保田鷹光 (2011)『琉球諸島マングローブと生き物探しの旅』ブックコム
神谷厚昭 (1984)『琉球列島の生い立ち』新星図書出版
町田洋ほか編 (2001)『日本の地形 九州・南西諸島』東京大学出版会

共通資料
国立天文台『理科年表』, 総務省統計局Webサイト, 『データブック オブ・ザ・ワールド』二宮書店, 『地理学辞典 改訂版』(1989), 『地形学辞典』(1981) 二宮書店, Diercke Weltatlas 2009. Westermann, E.M.Bridges1990『World Geomorphology』Cambridge University Press

地理用語 さくいん

あ

アイソスタティック運動	83
アフリカ大地溝帯	107
アボリジニ	160
アルティプラノ	137
アルパカ	144
アルプ	74
アルプス=ヒマラヤ造山帯	23, 99
アレート	71, 196
安山岩質溶岩	150
安定陸塊	17, 99
イエローバンド	44
イスラーム	27, 42
移牧	74
移民	27
インド=オーストラリアプレート	20, 41, 45
インナーシティ再開発	59
ウェーバー線	21
魚付き林	173
ウォーレス線	21
雨季	103
ウラン	210
運河	61, 64
雲霧林	142
永久凍土	73, 88, 184, 196
エスカー	92
円弧状三角州	188
塩熱循環	166
塩類化	159
オアシス	100
横谷	14
OPEC	143
隠田集落	202

か

崖錐	114
海水淡水化装置	39
海洋性気候	171
海洋プレート	141
花崗岩	197, 212
火口湖	177
火砕流	79
火山	28, 54, 78, 138, 148
火山泥流	81
カシミール	42
火成鉱床	143
河川交通	63
活火山	143
合掌造り	202
褐色森林土	96
褐色土	115
カフカス地方	95
カール	71, 175, 191, 196
乾季	103
環礁	151, 219
岩石砂漠	99, 113
寒帯	183
環太平洋造山帯	22
岩壁崩壊	72
気温の日較差	126
季節風	45, 181, 192
北アメリカプレート	179
喫水	118
キャトルテラス	76
裾礁	219
切妻造り	204
金山	180
グランドキャニオン	125, 131
栗色土	96, 115
グレートベースン	133
毛織物工業	60
ケスタ	63, 117
頁岩	126, 128
原子力発電	211
玄武岩質溶岩	150
高山帯	142, 147, 181, 199, 217
工場制手工業	60
硬水	209
構造土	89, 201
閘門式運河	64, 118
コーヒー	34
コプラ	30
固有種	25
混合農業	97
ゴンドワナ大陸	161

さ

砂漠	113
サバナ	102, 106, 215
サヘル	99
産業革命	60
残丘	121
サンゴ礁	219
散村	203
死海	134
自給自足	33
シジョリ地域	39
地震	21, 28
自然堤防	13
GPS	191
褶曲	44, 50
縦谷	14
周氷河地形	176, 201
自由貿易港	37
硝石	204
照葉樹	181, 216
除荷作用	72
植生帯	23
植生の垂直遷移	217
食物連鎖	171
新期造山帯	99
侵食輪廻	121
針葉樹林帯	113
森林限界	74, 142, 198, 217
水力発電	85, 156, 208
ステップ気候	157
砂砂漠	99
スノーウィーマウンテンズ計画	158
スマトラ島沖地震	20
西岸海洋性気候	63
成層火山	184
成帯土壌	115
成長の三角地帯	39
生物多様性	25, 217
世界自然遺産	25, 53, 150, 170
世界標準時	60
世界文化遺産	31, 63, 185
石炭	60
石油	49

石灰岩	50, 64
先駆植物	185
先行川	138
扇状地	133, 187, 207

た
タイガ	87
太平洋プレート	148
大陸性気候	171
卓状火山	54
卓状地	17
タックスヘイブン	68
楯状地	17, 91
棚田	30, 180
谷風	77
谷氷河	175
多年性雪渓	191, 196
多民族社会	27
ダム湖	193
断層盆地	207
チェルノゼム	96
地殻変動	28, 41, 138
地下資源	143
地球温暖化	73
地溝	133
地溝盆地	14
地質構造	17
地体構造	167
地中海性気候	68
地熱発電	81
中継・加工貿易港	37
地塁	133
地塁山地	14, 179
チンネ	196
ツンドラ	87
泥炭	96
泥炭湿地帯	88
デスヴァレー	133
鉄鉱石	84
鉄道	59, 83
鉄砲水	28
テラロッサ	64
登山鉄道	76
都市計画	65
土石流	28, 54
ドックランズ	59

な
雪崩	192
軟水	209
熱帯雨林	25
熱帯雨林気候	25
熱帯収束帯	104
熱帯低気圧	157
熱帯モンスーン気候	30

は
背斜	50
破砕帯	197
バルト楯状地	91
パンゲア	44, 49, 92
日干しレンガ	101
白夜	87
ビュート	125
氷河	76, 106, 137, 145, 167, 176, 184, 195
氷河湖	47, 92
氷河地形	83, 191
氷床	92
氷食作用	72
ピンゴ	89
ヒンドゥー教	43
フィヨルド	84
風成層	13
フェーン	134, 203
伏流	189
不凍港	84, 171
ブミプトラ政策	27
プランテーション	26, 30
プレート境界	93, 108, 179
プレートテクトニクス	21
プレーリー土	115
偏形樹	145
偏西風	145, 171
放射環状路型都市	65
堡礁	219

ホッグバック	122
ホットスポット	148
ポドゾル	114
ホルン	70, 191, 196

ま
マグマ	141, 148
マングローブ	216, 220
水資源	38
名田百姓村	203
ムスリム	42
メサ	125
メセタ	68
メタンガス	89
モニュメントヴァレー	125
モノカルチャー経済	31
モレーン	47, 76, 191
モンスーン	45

や
焼畑農業	35
ヤクスギ	215
屋敷林	203
野生動物	55
湧水	185, 208
融雪洪水	88
遊牧民	100
ユーカリ	153
U字谷	71, 83, 191, 196
ユーラシアプレート	20, 28, 41, 45, 179
溶岩トンネル	150
ヨークシャー炭田	60

ら
落葉広葉樹	215
陸繋島	13
リフトヴァレー	107
リャマ	146
流水客土	189, 203
流氷	170
臨海扇状地	188
礫砂漠	99
ローレンタイド氷床	119

おわりに

「稜線が二列に裂けたこの地形，どうしてできたのかまだわかっていないんだよ」。この言葉がすべての始まりだった。高校時代，登山部の合宿で南アルプスを縦走していたときに顧問のO先生が発した言葉である。「なるほど，いわれてみれば地面が裂けているなんて不思議だ。いわれなければ気がつかなかった。そう考えてみると風景の中には不思議なことがいっぱいだ！」。—それから私の学業の目的が明確となった。「自然の風景の中にある謎を解いていきたい！」。信州大学時代には，長野県乗鞍岳で残雪が地形をつくる不思議を追った。北海道大学大学院時代には，道内の大雪山や日高山脈をはじめ，ネパールヒマラヤやスウェーデンの山など国内外でフィールドワークをする機会を得て，寒冷な山地にある砂礫が自然に移動する現象の不思議を追った。その研究活動を通して，自分なりの自然を見る目をみがき，謎の追究法を鍛えた。「その謎を見つけ，追究する手法を多くの人に伝えたい」。それが本書のテーマとなった。

これらのテーマとなるような謎を見つけるためには，ある程度の知識も大切だが，経験の豊かさこそが重要だ。鉄道が急傾斜を登れないことを知らなければ，100年も前にスカンディナヴィア山脈を越える鉄道が開通したことを疑問に思わないだろう。高山植物が日本ではふつう標高3000m級の山で見られるものと知らなければ，それが佐渡島の1000mにあっても不思議に感じないだろう。経験を増やすためには，出かけることこそが最良の策である。机上の勉強とともに，時間をみつけ外へ出かける。そこでであったことや感じたことを人に語る。その過程で新しい発想が生まれ，結果的に学習意欲が高まる。学習効果を考える際，机上の勉強と野外の活動は相反するものではなく，車の両輪のようにお互いになくてはならないものである。

ところで，本書を読んで「学術的に新知見という価値は乏しいな」と思った人もいることだろう。確かに本書で提起する「なぜ」の答えは，学問的に未知

のことではない。研究の結果すでにあきらかになっていることを土台に考えれば解ける内容がほとんどである。しかし，このような素朴な疑問に明確に答えてくれる書物は意外に少ない。これは，このような謎はふつう学問分野をまたがないと答えが見い出せないテーマであり，研究者は細分化の進んだ専門分野内から出ない傾向があるからである。そこで，専門分野内に閉じこもらず，風景の中から素朴な疑問を発見し，それを追究していくプロセスを紹介する書物こそ，いま求められると考えた。

　本書は二宮書店が発行する高校の地理教員向けの冊子「地理月報」への連載を，加筆修正してまとめたものである。この連載が長きにわたって続いたのは，風景の謎を探る旅への共感が得られたからだろう。その共感は，謎が解けてスッキリしたというだけでなく，風景の中から謎を見つけるコツ，またその謎を解いていくプロセスが参考になると感じてもらえたことに基づくと思う。事実，私自身，自然を見る目がみがかれ，謎を解くプロセスが鍛えられた。その意味で，このような機会を与えていただいた二宮書店の歴代の地理月報担当の方，および単行本化を提案し再構成に携わってくださった田中明子氏及び山川出版社に感謝したい。なお，本書にあるすべての写真は，自身で撮影したものである。各テーマの冒頭にある地図は，二宮書店の地図帳の一般図を加工したものであり，鮮やかな彩色の地形からも，そのテーマを概観することができる。

　地理月報への連載は継続中であり，今後も地球の「なぜ」をさがす旅は続く。旅することで謎を見つける目がみがかれる。目がみがかれるから旅したくなる。そこで得た経験は，独り占めしないで，多くの人に語ってこそ活きるだろう。そこで語る言葉は，たった一言で人の針路を決めてしまうほど大きいこともある。そんな言葉をつむげるO先生のようになるため，これからも旅を続けていく。

2017年3月　松本 穂高

サバナをおおうヌーの群れ（ケニア・マサイマラ，2008年）

著者略歴
松本 穂高（まつもと ほたか）

1973年	茨城県つくば市出身
1992年〜	信州大学教育学部
1996年〜	北海道大学大学院
2001年〜	北海学園大学非常勤講師
2002年〜	茨城県立高等学校教諭
2010年	博士（環境科学）
現在	茨城県立土浦第一高等学校教諭
著書	『百名山の自然学 東日本編』（分担執筆，古今書院2002年） 〈世界地名大事典〉第1・2巻『アジア・オセアニア・極Ⅰ・Ⅱ』 （分担執筆，朝倉書店，2017年刊行予定）

2015年　オーストラリア，ウルルにて

歩いてわかった　地球のなぜ!?

2017年4月15日　第1版第1刷印刷
2017年4月25日　第1版第1刷発行

著　者	松本 穂高
発行者	野澤伸平
発行所	株式会社 山川出版社
	〒101-0047　東京都千代田区内神田1-13-13
	電話　03 (3293) 8131［営業］
	03 (3293) 1802［編集］
	振替　00120-9-43993
	https://www.yamakawa.co.jp/
企画・編集	山川図書出版株式会社
印刷所	共同印刷株式会社
製本所	株式会社ブロケード
装幀	Malpu Design（清水良洋）
本文デザイン	Malpu Design（佐野佳子）

造本には十分注意しておりますが、万一、乱丁・落丁本などがございましたら、小社営業部宛にお送りください。送料小社負担にてお取り替えいたします。
定価はカバーに表示してあります。

©Hotaka Matsumoto 2017 Printed in Japan
ISBN 978-4-634-15115-4